Peterson

FLEURS SAUVAGES

du nord-est et du centre-nord de l'Amérique du Nord

Roger Tory Peterson

traduit par

Hélène Colas-Charpentier

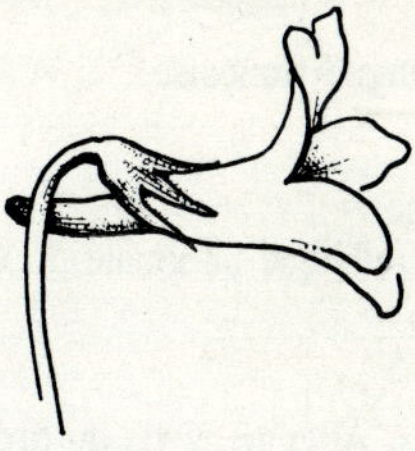

ÉDITIONS BROQUET INC

C. P. 310, LAPRAIRIE, QC CANADA J5R 3Y3 TÉL.: 514-659-4819

Données de catalogage avant publication (Canada)

Peterson, Roger Tory, 1908

Fleurs sauvages

(Petits guides Peterson).
Traduction de: Peterson first guide to wildflowers of northeastern and north-central North America.

ISBN 2-89000-298-5

1. Fleurs sauvages — États-Unis (Nord-Est) — Identification. 2. Fleurs sauvages — Midwest (États-Unis) — Identification. I. Titre. II. Collection.

QK118.P4714 1990 582.13'0974 C90-096543-6

Titre original:
Peterson First Guides
Wildflowers
publié par Houghton Mifflin Company, Boston

Dépôt légal — Bibliothèque nationale du Québec

ISBN 2-89000-298-5

PRÉSENTATION DES FLEURS SAUVAGES

La plupart de ceux qui s'intéressent à la nature se plaignent souvent: «Il existe tout simplement trop de sortes de plantes. Par où commencer?» C'est vrai qu'il y a beaucoup plus de fleurs que d'oiseaux à étudier. Cela devient vite évident lorsqu'on consulte les ouvrages techniques de base en botanique. Le Dr. Henry Gleason, décrit 4 460 plantes à fleurs et fougères dans le nord-est et centre-nord de l'Amérique du Nord, alors que le professeur M.L. Fernald en dénombre 5 520.[1] Ces deux sommités ont des opinions différentes sur des points subtils de taxonomie: telle fleur mérite-t-elle ou non d'être reconnue comme espèce distincte, par exemple.

Tout jeune, je m'intéressais aux oiseaux, mais désirant élargir mes horizons en sciences naturelles, je me suis attaqué aux clés d'identification de divers ouvrages de botanique, et plus souvent qu'autrement, je me sentais un peu perdu. Étant un visuel et ayant reçu une formation en arts, je préférais une approche par l'image.

C'est le point de vue visuel qui a inspiré mon *Guide des oiseaux de l'est de l'Amérique du Nord.* Les oiseaux y sont décrits par leurs motifs, leurs formes et leurs traits distinctifs particuliers visibles de loin, et non par des caractéristiques techniques utilisées par les spécialistes pour identifier une espèce lorsqu'ils ont l'animal en main ou dans une armoire à collection.

À cette époque, on sortait à peine de l'ère où l'ornithologie se faisait à la pointe du fusil, et certains conservateurs de musée étaient largement dépassés par les ornithologues amateurs qui n'utilisaient que leurs jumelles. Je me rendis vite compte que certains botanistes professionnels (pas tous) évoluaient eux aussi en vase clos et pouvaient iden-

(1) note de l'éditeur: dans sa *Flore laurentienne,* le frère Marie-Victorin dénombre pour le Québec seulement, 2 543 espèces de plantes vasculaires (qui ont des vaisseaux, c'est-à-dire des tubes destinés à la circulation des liquides).

tifier avec plus de certitude une fleur séchée, montée sur une feuille d'herbier, qu'une fleur en pleine croissance sur la plante. Ils avaient pour outils de travail le cartable à collection et la loupe.

Voilà bien des années, j'ai discuté de ce problème avec une amie, la regrettée Margaret McKenny, alors secrétaire du *City Garden Club* de New York. Ainsi fut conçu notre *Guide des fleurs sauvages du nord-est et du centre-nord de l'Amérique du Nord.* L'approche visuelle à l'identification s'appuie sur la couleur, la forme et le détail ainsi que sur l'utilisation des flèches qui sont devenues la caractéristique du «Système Peterson».

Nous avons calculé qu'il serait impossible de décrire et d'illustrer la totalité des milliers d'espèces végétales dans un seul volume, à moins qu'il n'ait les dimensions d'un annuaire téléphonique de taille respectable. Même si cela avait été possible, le profane moyen aurait été peu disposé à faire face à une telle myriade de plantes; c'est pourquoi nous avons choisi l'approche sélective. Malgré cela, quel terrible engagement! Finalement, sur une période de près de 20 ans, j'ai dessiné bien au delà de 1 500 fleurs, dont 1 344 sont parues dans le *Guide* déjà mentionné. J'ai parcouru des milliers de kilomètres en auto dans les États de l'Est et du Centre des États-Unis, pour essayer de saisir les brèves périodes de floraison de diverses espèces.

Mes trouvailles s'entassaient dans une boîte à échantillons fatiguée; finalement, j'ai opté pour le sac en plastique qui conservait l'humidité plus efficacement que la boîte en fer-blanc émaillé. Au lieu de cueillir les orchidées ou les espèces en voie de disparition, je me couchais par terre et je les dessinais ou encore, je prenais des photos qui m'aideraient plus tard à faire mes dessins. Mais la majorité des fleurs encore fraîches étaient dessinées le soir même dans une chambre d'auberge ou de motel.

Avant de retourner chez elle dans l'Ouest, Margaret McKenny écrivit le premier jet de ce qui aurait dû être le texte d'accompagnement de quelque 650 espèces. Outre les illustrations, ma tâche consistait à préparer le texte abrégé correspondant aux illustrations. Après avoir rédigé son texte initial, Margaret McKenny se rendit compte avec moi que le nombre des espèces traitées était insuffisant. Je dessinai finalement 1 300 espèces, ce qui créa un autre problème. L'espace dont nous disposions ne permettait pas d'établir tous les renvois entre le texte d'accompagnement et les pages comportant les légendes. La solution consistait à préparer un texte plus «télégraphique», complet en lui-même, à placer en face des illustrations. Je pris la responsabilité de cette réécriture ainsi que de la préparation des 650 entrées supplémentaires. Lorsque l'ouvrage vit enfin le jour, ce fut un succès immédiat qui ne s'est pas démenti par la suite.

Le livre est destiné aux néophytes, certes, mais il existe encore de nombreux débutants qui ont de la difficulté à nommer d'autres fleurs que le pissenlit, le bouton d'or, la marguerite. Pour ceux-là, il fallait quelque chose d'encore plus simple pour commencer : un guide plus petit qui leur donnerait confiance. Pour le *Petit guide des fleurs sauvages,* j'ai procédé comme dans le cas du *Petit guide Peterson des oiseaux.* J'ai sélectionné environ 200 espèces et préparé un nouveau texte. De mon Guide plus complet j'ai repris mes illustrations : celles qui étaient en noir sont maintenant en couleurs.

Aire étudiée : Ce petit livre est seulement un ouvrage d'initiation, utile surtout dans les États de l'est et du centre-ouest des États-Unis, ainsi que dans les parties voisines du Canada. Nos efforts ont surtout porté sur les fleurs qui sont les plus susceptibles d'attirer l'attention du débutant, particulièrement celles des forêts au printemps et celles qui poussent au bord des routes et aux alentours des banlieues.

Les fleurs printanières sont un hymne à la vie lorsqu'elles tapissent le sol des bois avant même la frondaison. Les espèces forestières sont indigènes, alors que la majorité des fleurs du bord des routes sont naturalisées, en provenance d'Europe. Les bords de route sont les mêmes partout, de sorte que les fleurs, qui ont pu survivre sur les sols bouleversés du Vieux Continent, en ont fait autant ici. Ils se parent d'une incomparable beauté avec la marguerite, la chicorée, la saponaire, l'hémérocalle, la carotte sauvage, l'achillée, le trèfle et une multitude d'autres plantes sauvages. En réalité, que seraient les routes et les lieux incultes sans elles? Ces plantes ne devraient pas être traitées «mauvaise herbes» avec mépris.

Par où commencer

Lorsque vous trouvez une nouvelle plante, notez de quel type est la fleur. Combien a-t-elle de pétales? Se présente-t-elle seule, par paires, sous forme de groupes lâches ou de bouquets serrés? Les feuilles sont-elles dentées ou non? Sur la tige, sont-elles opposées ou alternes? La plante est-elle glabre (dépourvue de poils) ou garnie de poils? Familiarisez-vous avec les diverses formes de fleurs et de feuilles illustrées dans les pages suivantes. Retenez les termes.

Le «Guide du débutant» que vous avez entre les mains ne présente qu'un échantillon de plantes destiné à vous permettre de prendre le départ. Vous serez bientôt prêt pour le grand jeu, avec d'autres guides plus complets.

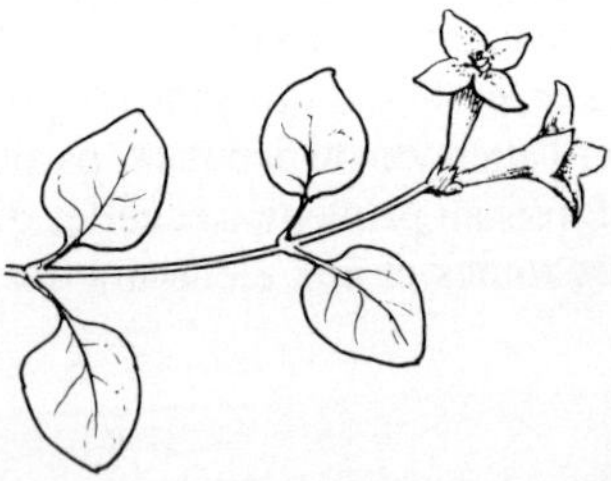

GLOSSAIRE ILLUSTRÉ DES FLEURS

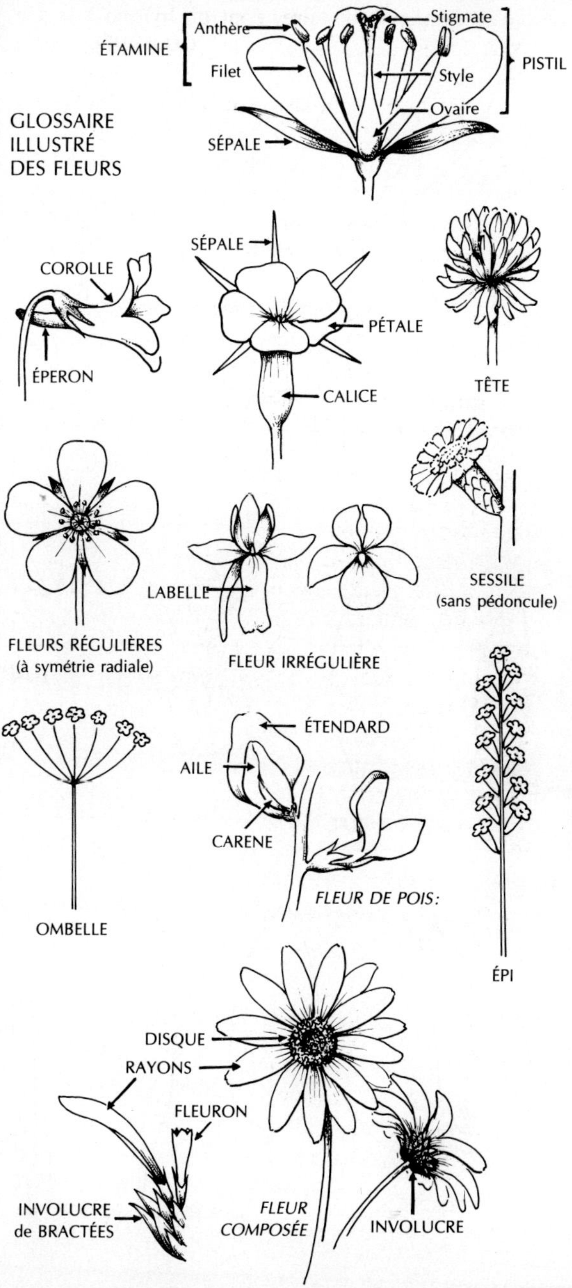

GLOSSAIRE ILLUSTRÉ DES FEUILLES

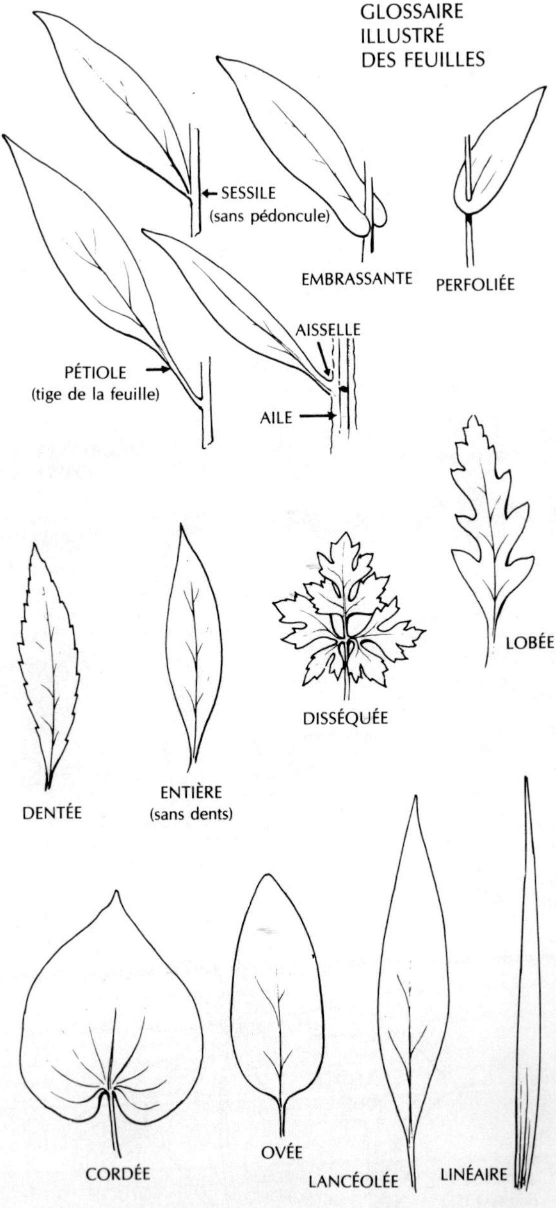

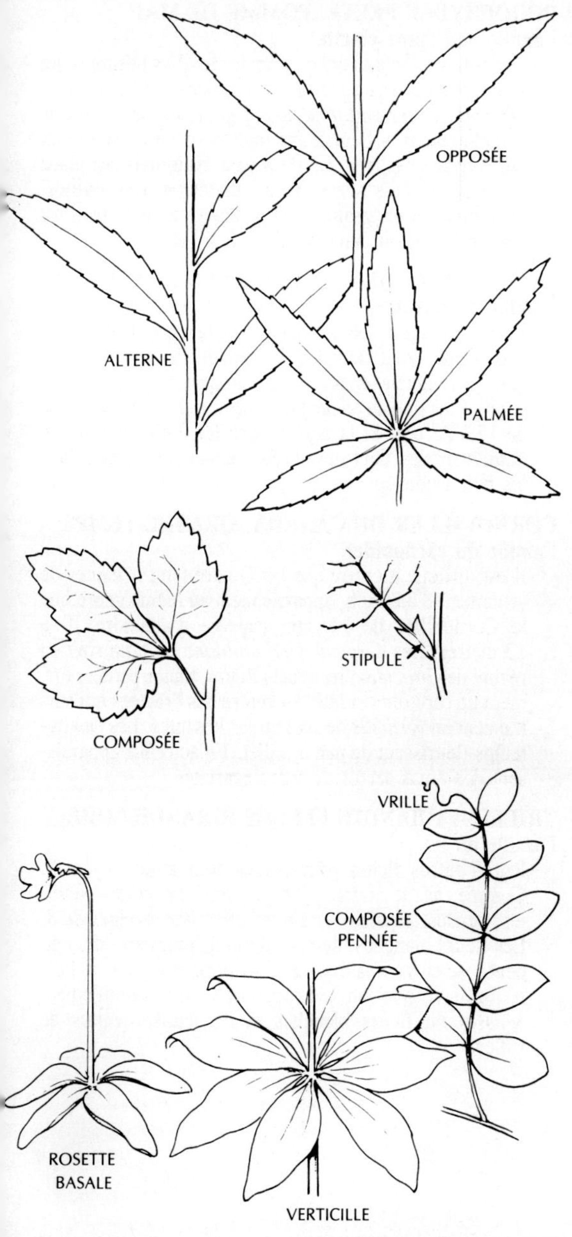
OPPOSÉE
ALTERNE
PALMÉE
COMPOSÉE
STIPULE
VRILLE
COMPOSÉE PENNÉE
ROSETTE BASALE
VERTICILLE

PODOPHYLLE PELTÉ, POMME DE MAI
Famille de l'épine-vinette

Les pommes de mai ont de grandes feuilles luisantes qui souvent tapissent les clairières. Les deux feuilles *profondément divisées en forme de parapluie* cachent presque complètement la fleur à tête inclinée d'un blanc cireux qui *embrasse la tige.* La fleur (d'avril à mai) fait place à une grosse baie ressemblant à un citron. Les feuilles, les racines et les graines sont toxiques mais le fruit est comestible et on peut en faire de la gelée.

SANGUINAIRE DU CANADA, SANG-DRAGON
Famille du pavot

Le Sang-dragon fleurit à peu près à la même époque (de mars à mai) que l'Hépatique (p. 86) et elle ouvre son unique fleur blanche en forme de coupe pour saluer le printemps. Une grande *feuille pâle, lobée entoure* la tige haute de 15 à 25 cm. Si la tige est brisée, il s'en écoule un *liquide orange.* On trouve la Sanguinaire du Canada dans les bois riches.

CORNOUILLER DU CANADA, QUATRE-TEMPS
Famille du cornouiller

Il est difficile à croire que les Quatre-temps, hautes de seulement 8 à 20 cm, appartiennent au même genre que le Cornouiller de Floride, capable d'atteindre 10 à 12 mètres. Les *4 «pétales» d'un blanc éclatant* sont en réalité des *bractées*: les vraies fleurs, toutes petites, forment un capitule verdâtre au centre des bractées qui surmontent un *verticille* de six feuilles luisantes. Les Quatre-temps fleurissent de mai à juillet. En automne apparaissent des amas serrés de baies écarlates.

TRILLE À GRANDES FLEURS (GRANDIFLORE)
Famille du lis

Peu d'autres fleurs printanières sont aussi voyantes. Comme chez les autres trilles, *toutes les parties* — feuilles, pétales, sépales — *se présentent par groupes de 3.* Les fleurs blanches, de 5 à 10 cm de diamètre, deviennent rose en vieillissant. Le trille préfère les sols riches. Avant la frondaison, certains boisés sont littéralement tapissés de fleurs blanches et de feuilles vertes de trilles.

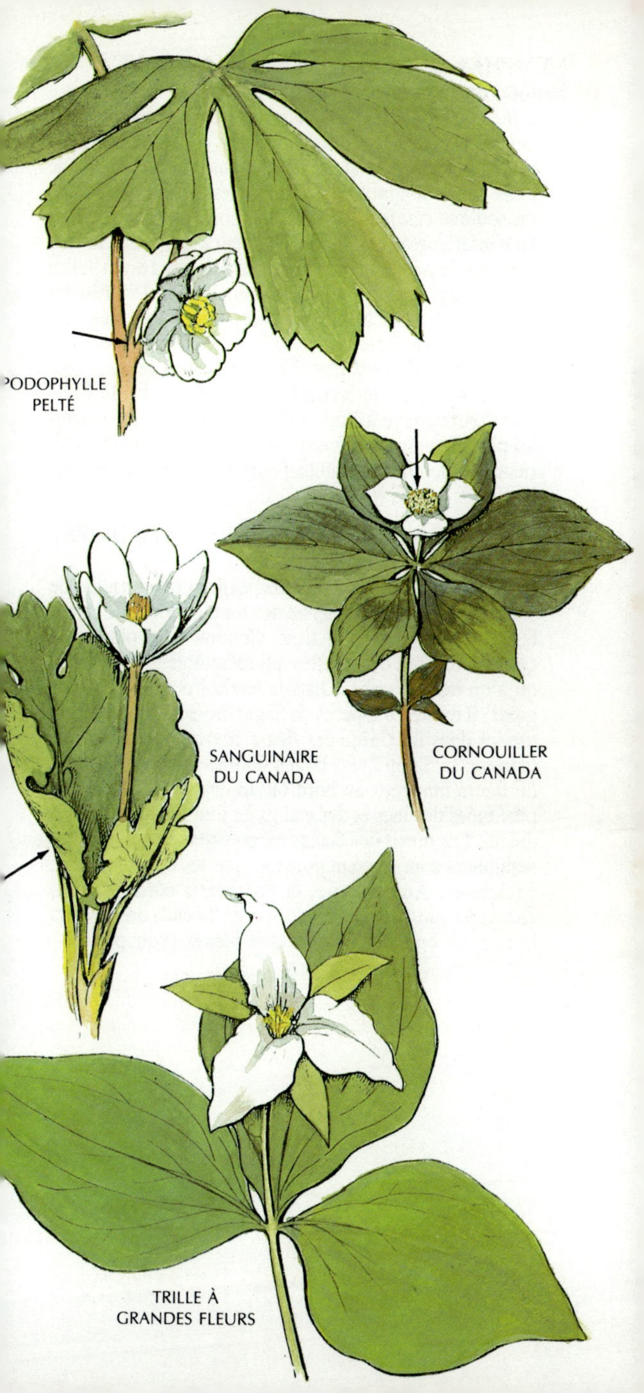
PODOPHYLLE
PELTÉ
SANGUINAIRE
DU CANADA
CORNOUILLER
DU CANADA
TRILLE À
GRANDES FLEURS

NYMPHÉA ODORANT, NÉNUPHAR BLANC
Famille du nymphéa

Cette splendide fleur des marais et des eaux calmes, aux pétales immaculés, flotte parmi des *feuilles de grande taille, en forme d'assiette* fixées dans le fond boueux de l'eau par de longues tiges immergées. Si, avec l'aviron, on soulève ces feuilles flottantes, on constate que leur face inférieure est *violacée.* Les fleurs, qui ont plusieurs couches de pétales, ont un diamètre de 8 à 18 cm; elles ont un *parfum âcre* qui (sans doute) attire les insectes pollinisateurs. Le Nénuphar blanc fleurit tout l'été, du Manitoba et de Terre-Neuve au Nord jusque dans les États du centre et de l'est des États-Unis, vers le sud. Une espèce analogue, le **Nymphéa tubéreux** (non illustré), que l'on retrouve à l'ouest des Appalaches, a des pétales plus arrondis; ses fleurs sont inodores et la face inférieure des feuilles est habituellement verte et non pas violacée.

SAGITTAIRE À LARGES FEUILLES (LATIFOLIÉE)
Famille de la sagittaire

Les *3 pétales arrondis* et la disposition en verticille de 3 fleurs et la *forme en flèche* des feuilles sont des caractères typiques des Sagittaires. Certaines des plantes de cette famille ont des feuilles qui ressemblent à une lance ou à un brin d'herbe. Dans le territoire étudié dans ce guide, il existe 16 espèces de Sagittaire dont 8 sont répertoriées dans un *Guide des fleurs sauvages.* De juillet à octobre, la Sagittaire à larges feuilles ouvre ses triades de fleurs *blanches* au bord ou au-dessus des eaux peu profondes des lacs et des étangs de tout le territoire étudié ici. Les bords des étangs où poussent à profusion les nénuphars sont souvent ponctués par les épis déliés des Sagittaires. Au contraire, la Pontédérie cordée, qui a, elle aussi, des feuilles en forme de flèche, dresse vers le ciel des épis denses de fleurs *bleues* (voir p. 109)

NYMPHÉA ODORANT

3 pétales

SAGITTAIRE
À LARGES FEUILLES

LISERON DES HAIES
Famille du liseron

À première vue, ce joli liseron sauvage ressemble à l'espèce suivante, mais notez la *forme des feuilles sagittées ou hastées.* Ses fleurs peuvent être blanches ou roses et fleurissent de mai à septembre dans les fourrés et les buissons du bord des routes. Il existe plusieurs autres variétés de liserons sauvages: entre autres, le **Liseron dressé** (non illustré), une petite plante, dressée, avec des *feuilles ovales,* qui a moins de 30 cm de haut et qui *ne s'enroule pas comme les autres plantes grimpantes.*

IPOMÉE SAUVAGE
Famille du liseron

Malgré son nom, l'Ipomée sauvage est un liseron qui se distingue du Grand Liseron (ci-dessus) par ses *feuilles cordées.* Ses grandes fleurs, en forme de cloche, de 5-8 cm de diamètre sont blanches avec des bandes roses partant du centre en rayons. Comme la plupart des autres plantes de la même famille, l'Ipomée sauvage peut s'enrouler le long des buissons bas et des piquets de clôture. Elle fleurit durant tout l'été sur les sols secs des bordures des champs et des routes dans le Michigan, le sud de l'Ontario, l'État de New-York, le Connecticut et plus au sud.

CHÈVREFEUILLE DU JAPON
Famille du chèvrefeuille

Cette mauvaise herbe grimpante naturalisée est difficile à déloger lorsqu'elle s'installe dans les fourrés et le long des routes; elle couvre alors le sol et les buissons de ses tiges en spirale et de son feuillage persistant. Avec leurs *longues étamines saillantes*, les fleurs peuvent être blanches ou jaune clair. Elles donneront plus tard des *baies noires.* Le Chèvrefeuille japonais fleurit d'avril à juillet, du sud des Grands Lacs et du Massachusetts vers le sud.

LISERON
DES HAIES

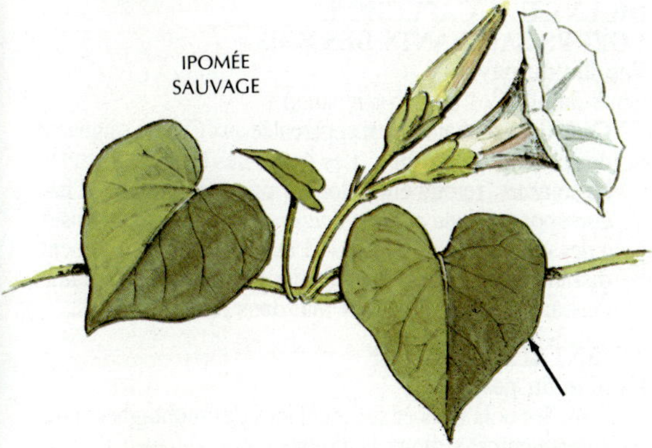
IPOMÉE
SAUVAGE

CHÈVREVEUILLE
DU JAPON

ANÉMONE DES BOIS
Famille du bouton d'or

Avec ses 5 sépales blancs (ou plus) ressemblant à des pétales, l'Anémone des bois n'a que 10 à 15 cm de hauteur. Comme l'**Anémonelle faux-pigamon** (non illustré), elle peut passer inaperçue parmi les fleurs printanières qui tapissent les sous-bois dégagés. L'Anémone des bois se distingue de l'Anémonelle faux-pigamon par un verticille de feuilles *profondément découpées* en 3 parties (parfois en 5) situé au milieu de la tige.

OXALIDE DE MONTAGNE, SURETTE
Famille de l'oxalide

Notez les folioles *cordées à l'envers comme chez le trèfle*. Les fleurs, à 5 pétales blancs ou roses, *veinés de rose plus foncé*, possèdent chacune leur tige de 7 à 10 cm. L'Oxalide fleurit de mai jusqu'au début de juillet dans les bois frais. Une espèce apparentée, l'**Oxalide violacée** (non illustrée) est un peu plus grande. Ses 5 pétales évasés sont *violet-pourpre*. Le dessous des folioles est rougeâtre ou pourpré.

DICENTRE À CAPUCHON,
COEURS SAIGNANTS DES BOIS
Famille du pavot
(sous-famille des cœurs-saignants)

Cette fleur printanière est apparentée aux Cœurs saignants des jardins, bien connu. Les fleurs très blanches, jaunes au sommet, retombent le long d'une tige inclinée. Chacune possède *une paire d'éperons creux* qui font penser à des «culottes à mi-jambe»! Les feuilles sont fortement disséquées; on dirait presque des fougères. Cette plante délicate fleurit en avril et mai dans les bois riches.

TRIENTALE BORÉALE
Famille du pavot

Dans les bois frais et sur les flancs des montagnes, tard au printemps, s'ouvre la Trientale boréale avec ses *fragiles fleurs blanches groupées par paires*. Les deux étoiles à 6 ou 7 branches pointues sont portées par des *tiges très fines* qui surmontent un verticille de 5 à 9 feuilles longues et effilées. La trientale est une petite plante qui atteint rarement plus de 13 à 15 cm de haut.

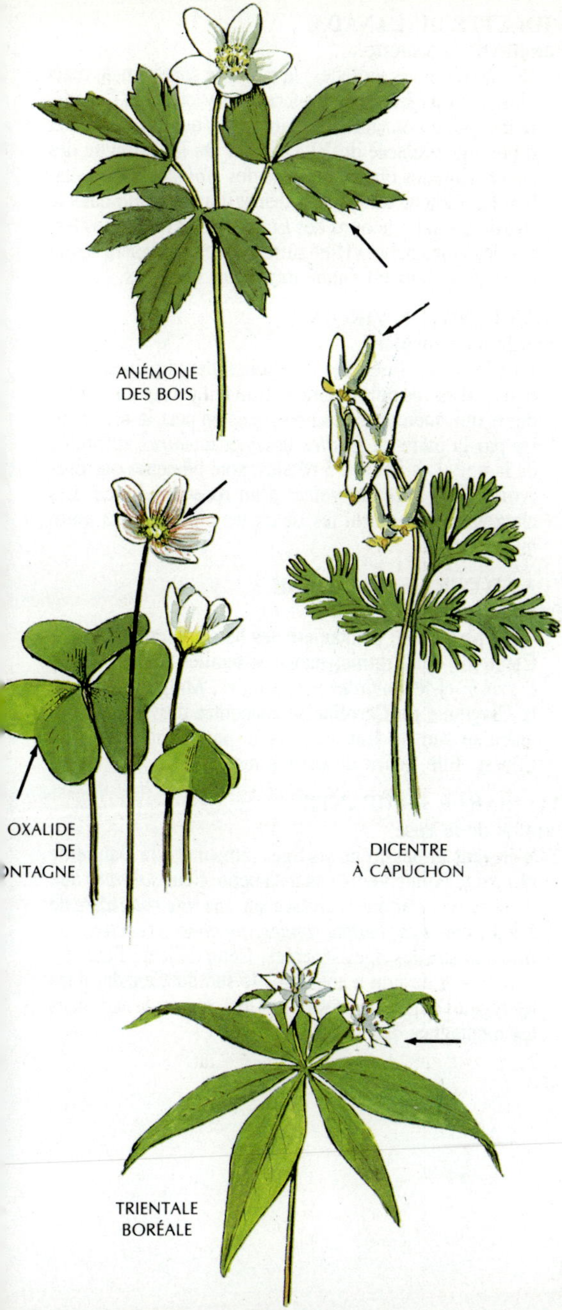
ANÉMONE DES BOIS
DICENTRE À CAPUCHON
OXALIDE DE
ONTAGNE
TRIENTALE BORÉALE

VIOLETTE DU CANADA
Famille de la violette

Des nombreuses violettes, la majorité sont bleues, mais plusieurs sont jaunes ou blanches. La Violette du Canada, la plus jolie des violettes blanches, s'ouvre au sommet d'une tige violacée de 20 à 40 cm. On la distingue des autres violettes blanches par le dos *violacé* de ses pétales. La Violette du Canada fleurit d'avril à juin dans le sud du Canada, le nord des États-Unis et les hautes terres des Appalaches. Huit autres violettes blanches sont présentées dans un *Guide des fleurs sauvages*.

CLAYTONIE DE VIRGINIE
Famille du pourpier

La Claytonie, l'une des plus jolies fleurs printanières, pousse dans les bois humides. Elle fait penser aux oxalides et aux anémones des bois, mais on peut la reconnaître par la paire de *feuilles* lisses et *linéaires* au milieu de la tige. Les fleurs à 5 pétales, sont blanches ou roses (voir p. 87) avec des veines d'un rose plus foncé. Les claytonies sont parmi les fleurs les plus hâtives; entre mars et mai.

CLAYTONIE DE CAROLINE
Famille du pourpier

Cette petite fleur printanière des bois est semblable à la Claytonie de Virginie, mais ses feuilles sont en *forme d'aviron* et les *pétioles* sont *minces*. Malgré son nom, la Claytonie de Caroline se rencontre des Appalaches jusqu'au sud du Canada vers le nord, ainsi que vers l'ouest. Elle fleurit de mars à mai.

DALIBARDE RAMPANTE
Famille de la rose

S'élevant au-dessus de ses tiges rampantes, la Dalibarde rampante pointe vers le haut sa petite fleur *solitaire* aux nombreuses étamines, dressée sur une *tige rougeâtre* de 5 à 12 cm. *Les feuilles rondes, finement crénelées*, se trouvent sur des tiges séparées. Cette délicate fleur des bois fleurit de juin à août dans le sud du Canada, dans les régions adjacentes des États-Unis, et vers le sud, dans les montagnes des Appalaches.

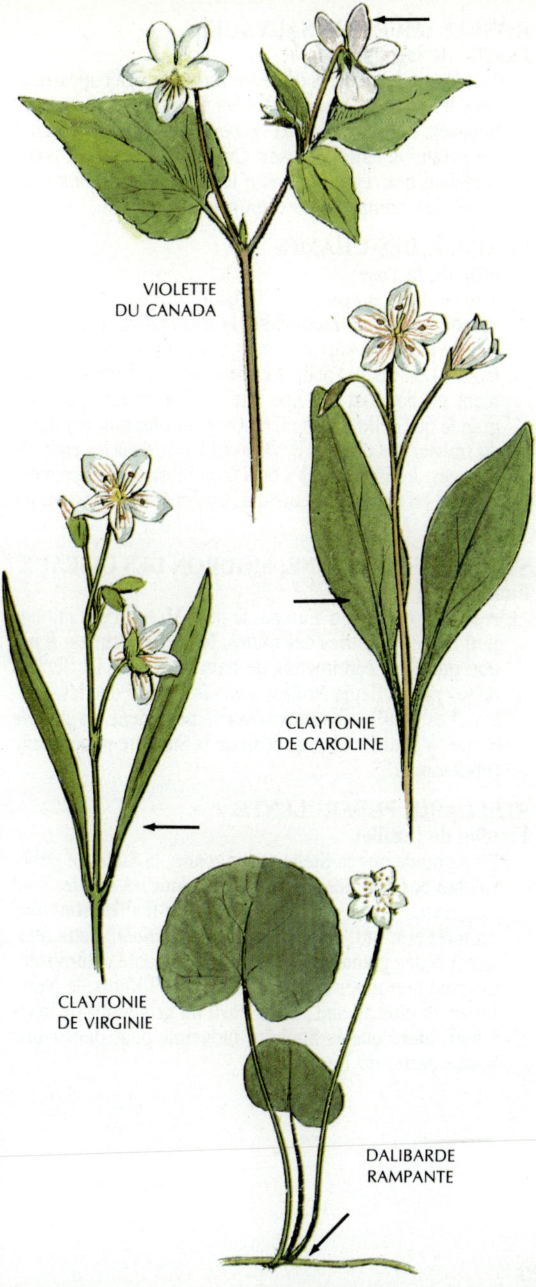
VIOLETTE
DU CANADA
CLAYTONIE
DE CAROLINE
CLAYTONIE
DE VIRGINIE
DALIBARDE
RAMPANTE

RONCES (MÛRIERS SAUVAGES)
Famille de la rose

La plupart des plantes du genre *Rubus*, auquel appartiennent les mûriers sauvages et les framboisiers, sont des buissons ligneux, *épineux* ou *poilus* aux fleurs blanches à 5 pétales et baies juteuses. Quelque 200 espèces poussent dans nos régions et, pour les distinguer, il faut faire appel aux compétences d'un spécialiste.

FRAISIER DES CHAMPS
Famille de la rose

Tout le monde connaît le fraisier cultivé, mais tout le monde ne sait pas reconnaître la *feuille divisée en 3 parties* de l'espèce sauvage avant l'apparition de ses petits fruits. Les fleurs, petites et blanches, à 5 pétales, forment un bouquet sur une tige de 7 à 15 cm, pas plus grande que celle des feuilles. On peut observer les fleurs du fraisier des champs de fin avril à juin dans les endroits dégagés. Le **Fraisier des bois** (non illustré), espèce naturalisée, possède des fleurs qui, en général, *dépassent* les feuilles.

STELLAIRE MOYENNE, MOURON DES OISEAUX
Famille de l'oeillet

Autre importation d'Europe, le petit Mouron envahit nos jardins, les bordures des routes, les lieux incultes. Il n'a que quelques centimètres de haut et les pétales fendus de ses petites fleurs étoilées sont *plus courts* que les sépales. Les feuilles courtes, ovées, possèdent un *pétiole mince,* à la différence de celui de la Stellaire pubérulente (ci-dessous).

STELLAIRE PUBÉRULENTE
Famille de l'oeillet

Plus grande que la Stellaire moyenne, la Stellaire pubérulente possède une fleur modeste dont les sépales sont *plus courts* que les pétales fendus. Ses feuilles sont *plus grandes* et n'ont, *en général, pas de pétiole.* Cette Stellaire est une plante indigène, non une plante naturalisée. On peut la trouver dans les bois dans l'Illinois, le New-Jersey et plus au sud. Elle fleurit au printemps de mars à mai, alors que la Stellaire moyenne peut fleurir une bonne partie de l'année.

RONCES

FRAISIER
DES CHAMPS

STELLAIRE
MOYENNE

STELLAIRE PUBÉRULENTE

JULIENNE DES DAMES
Famille de la moutarde

Cette jolie plante, échappée des jardins, est originaire d'Europe. Elle ressemble au Phlox paniculé (voir p. 85) mais elle a *4 pétales* au lieu de 5. Cette particularité et les longues siliques (enveloppe des graines) pointant vers le haut indiquent qu'elle appartient à la famille de la moutarde. Elle fleurit surtout en mai et juin, avant le Phlox paniculé (à l'automne). Ses fleurs peuvent être roses, pourpres ou blanches. La Julienne décore les bords de route ombragés et la lisière des bois dans le sud du Canada, le nord des États-Unis et, vers le sud, dans les hautes terres des Appalaches jusqu'en Georgie.

POTENTILLE ÂCRE
Famille de la rose

La plupart des potentilles sont jaunes avec des feuilles divisées en 5 folioles. Cependant la Potentille âcre est *blanche* ou *crème* avec 7 à 11 folioles duveteux dessous. Les *poils visqueux, brunâtres* de la tige distinguent aussi cette espèce des autres potentilles qui lui ressemblent superficiellement (voir p. 69). La Potentille âcre, haute de 30 à 90 cm, fleurit de juin à août, dans les bois secs à sol rocheux dans tout le sud du Canada et la partie nord des États-Unis.

GNAPHALE À FEUILLES OBTUSES
Famille de la marguerite

Les Gnaphales ont de *petites fleurs composées de forme globuleuse* groupées au sommet d'une tige pâle et laineuse. La Gnaphale à feuilles obtuses n'est pas aussi attirante que l'Immortelle blanche (p. 25) car les *bractées* qui entourent les fleurs staminées (mâles) au centre ne *s'ouvrent pas* avant que la plante ait formé ses graines. Il existe plusieurs sortes d'immortelles qui demeurent un casse-tête même pour les botanistes professionnels. La plupart des espèces préfèrent les sols secs.

4 pétales
JULIENNE
DES DAMES
POTENTILLE
ÂCRE
GNAPHALE À
FEUILLES OBTUSES

ACHILLÉE MILLEFEUILLE, HERBE À DINDES
Famille de la marguerite

Les *corymbes de fleurs blanches serrés et aplatis* de cette plante des bords de routes sont parfois confondus avec les fleurs de la Carotte sauvage. Notez, cependant, que les *feuilles* douces, aromatiques et très découpées, *comme la fougère,* sont très différentes des feuilles *ramifiées* (aussi comme la fougère) de la Carotte sauvage (p. 27). Habituellement blanche, l'Achillée peut être aussi parfois rose; sous cette forme, elle est souvent transplantée dans les jardins. L'Achillée est l'une des plantes naturalisées qui parent le bord des routes et des champs dans une grande partie de l'est et du centre de l'Amérique du Nord. Sa taille est de 30 à 90 cm.

IMMORTELLE BLANCHE
Famille de la rose

Cette plante pâle est plus voyante que la Gnaphale à feuilles obtuses (p. 22) car ses *bractées pétaloïdes blanches* et sèches, *s'ouvrent un peu* pour exposer le centre staminé jaune (fleurs mâles). Les fleurs pistillées (femelles) se trouvent sur des plantes distinctes. La tige est cotonneuse, recouverte de *poils duveteux.* Les feuilles sont étroites; gris-vert dessus, un blanc laineux dessous. Comme les autres Immortelles, elle est variable: un cassetête pour les botanistes! L'Immortelle blanche préfère les sols secs et les pâturages au Canada, dans le nord des États-Unis et, vers le sud, dans les montagnes jusqu'en Caroline du Nord.

EUPATOIRE PERFOLIÉE, HERBE À SOUDER
Famille de la marguerite

Bien que cette plante pubescente a un sommet aplati semblable à l'Achillée millefeuille et à la Carotte sauvage, elle a des feuilles très différentes. Longues, pointues, ridées et poilues, les feuilles, disposées par paires, *s'unissent autour de la tige.* L'Eupatoire préfère les terres basses et humides, les fourrés humides et les marécages; elle fleurit à la fin de l'été à peu près en même temps que sa proche parente pourpre l'Eupatoire maculée (p. 90). Le thé préparé avec les feuilles séchées de l'Eupatoire a la réputation d'être un bon laxatif.

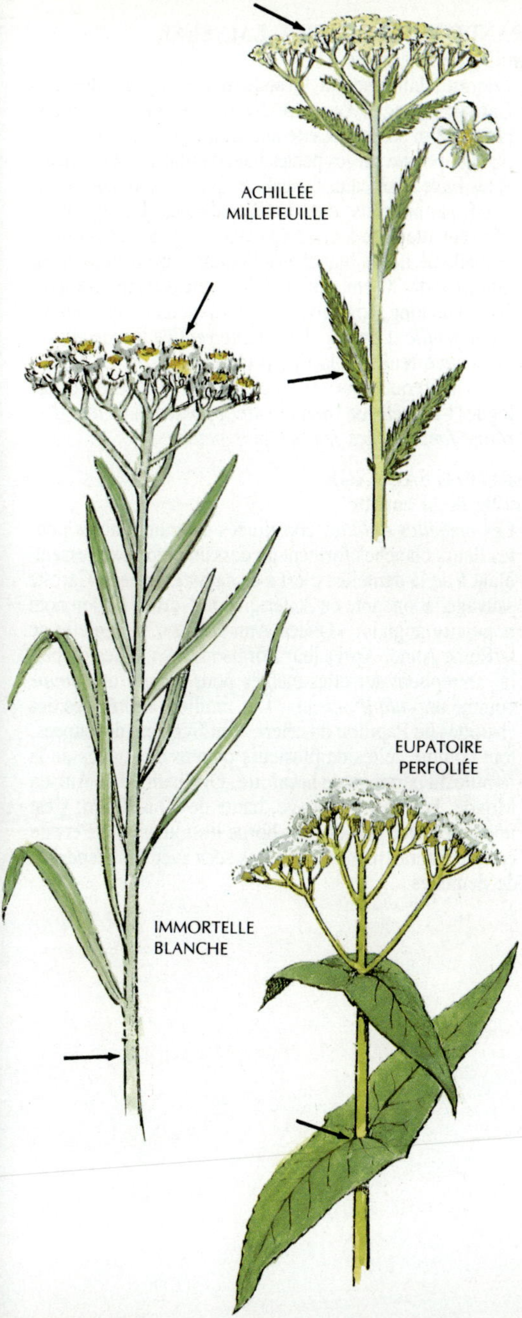
ACHILLÉE
MILLEFEUILLE
IMMORTELLE
BLANCHE
EUPATOIRE
PERFOLIÉE

GRANDE BERCE, BERCE LAINEUSE

Famille de la carotte

Énorme, laineuse, la Grande Berce, apparentée à la Carotte sauvage (voir ci-dessous) s'élève à 1, 2 et même plus de 3 m de haut. Cette plante, qui ne peut passer inaperçue, pousse sur les pentes humides dans tout le Canada et les États américains frontaliers; plus au sud, elle pousse aussi, par endroits, dans les Appalaches. La tige sillonnée peut atteindre 5 cm d'épaisseur à sa base et la grande ombelle de fleurs blanches à l'odeur forte peut avoir un diamètre de 20 cm. Les feuilles, qui peuvent atteindre 30 cm de long, sont divisées en *3 segments ressemblant à une feuille d'érable.* Une *gaine renflée* unit le pétiole de chaque feuille à la tige principale. C'est en été (de juin à août) que fleurit la Grande Berce. Une espèce analogue, l'**Angélique** (non illustrée) possède une *tige* lisse *rouge foncé* et des *feuilles plus petites.*

CAROTTE SAUVAGE

Famille de la carotte

Les *ombelles aplaties* constituées d'innombrables petites fleurs blanches forment un desssin complexe ressemblant à de la dentelle; c'est à ce caractère que la Carotte sauvage, abondante en Amérique du Nord, doit son nom populaire anglais: «Queen Ann's lace», la dentelle de la Reine Anne. Après leur floraison, les vieilles ombelles se replient sur elles-mêmes pour former une *coupe* comme un «*nid d'oiseau*». Les feuilles, appréciées des chenilles du Papillon du céleri, sont finement découpées, tout comme celles de plusieurs plantes analogues de la famille du persil ou de la carotte. Originaire de l'Ancien Monde, la Carotte sauvage, haute de 60 à 90 cm, s'est implantée avec succès; elle borde les routes en été et elle couvre littéralement les champs secs avec ses étendards de dentelles.

GRANDE BERCE

CAROTTE
SAUVAGE

TRÈFLE HYBRIDE
Famille du pois

Avec leurs petites fleurs réunies en têtes rondes et leurs feuilles en 3 parties, les trèfles sont connus de tous. Il existe plusieurs variétés de trèfle blanc. Contrairement au trèfle blanc (ci-dessous), le Trèfle hybride, dont les couleurs vont du blanc-crème au rose, *ne présente pas* de chevrons pâles sur ses folioles. Ses feuilles et ses fleurs *naissent de tiges ramifiées* au-dessus du sol et non de stolons courant à la surface. Plante naturalisée, le Trèfle hybride s'est installé dans les champs et au bord des routes, où il fleurit pendant les mois d'été. Le **Trèfle stolonifère** (non illustré), plante indigène des bois secs et des prairies du bas Midwest, a des folioles plus ou moins *cordées* ou *légèrement entaillées;* ses fleurs sont blanches, ou blanches et rouges.

TRÈFLE BLANC
Famille du pois

Chez ce trèfle, chaque foliole est ornée d'un *chevron pâle triangulaire.* Les fleurs et les folioles sont portées par des *tiges distinctes* s'élèvant de 10 à 20 cm à partir de *stolons* rampant juste sous la surface du sol. Comme le Trèfle hybride, le Trèfle blanc, qui nous vient du Vieux-Continent, s'est bien répandu le long des routes et dans les champs et même sur nos pelouses. Les fleurs, blanches ou teintées de rose, s'ouvrent de mai à octobre.

MÉLILOT BLANC, TRÈFLE D'ODEUR
Famille du pois

Les feuilles trifoliées et la forme des petites fleurs semblables à celles du pois, indiquent que cette plante est un Trèfle; les fleurs, toutefois, sont disposées en *grappes dressées, minces et effilées.* Contrairement aux trèfles rampant, le Mélilot blanc s'élève, léger et fuselé, jusqu'à une hauteur de 60 à 240 cm. Bien que d'origine étrangère, il est maintenant abondant le long des routes et dans les lieux incultes. Il fleurit de mai à octobre. Voir aussi le Mélilot officinal (p. 70).

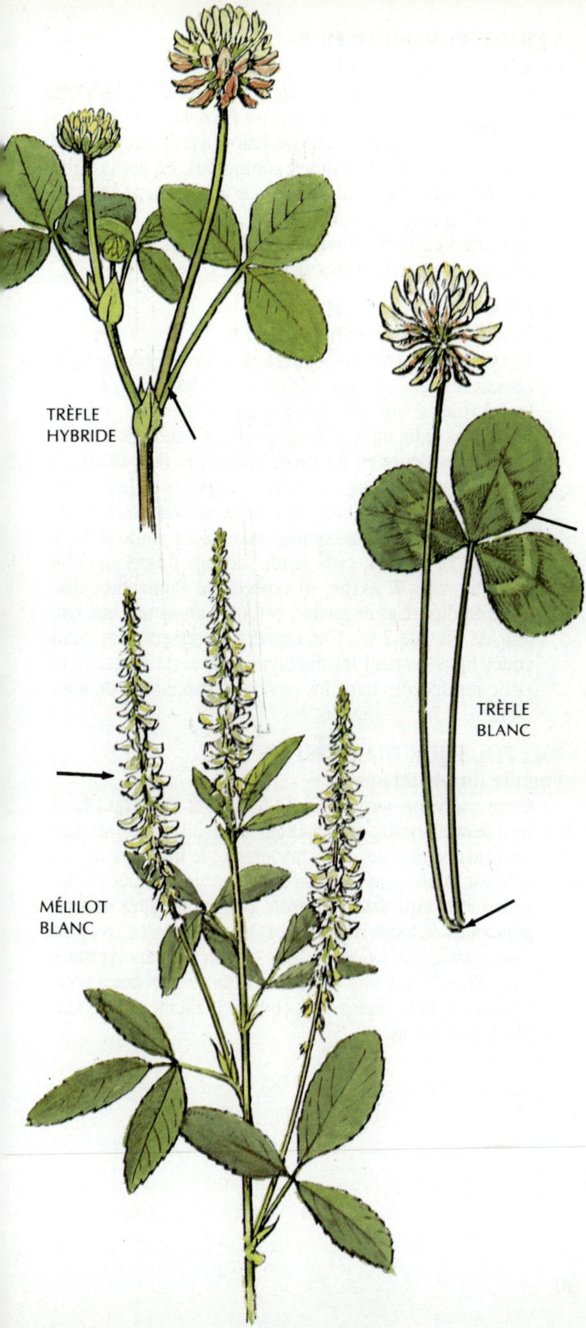
TRÈFLE
HYBRIDE
TRÈFLE
BLANC
MÉLILOT
BLANC

VERGE D'OR BICOLORE
Famille de la marguerite

Parmi les nombreuses variétés de Verge d'or, la Verge d'or bicolore est la seule qui soit *blanche.* La plante est de forme allongée comme un bâton, et s'élève entre 30 et 60 cm de haut. Ses fleurs composées, de petite taille, sont disposées par petits groupes le long de la partie supérieure d'une tige laineuse d'aspect grisâtre. La Verge d'Or bicolore fleurit de juillet à octobre dans les bois dégagés et secs et sur les pentes dégagées.

PRENANTHE BLANCHE
Famille de la marguerite

Les prenanthes sont des mauvaises herbes de grande taille, élancées, à *feuilles triangulaires ou profondément lobées;* leur forme est très variable. Lorsqu'on les casse, les tiges laissent exsuder un liquide ressemblant à celui de l'Asclépiade. Les fleurs en forme de clochettes *retombent par petits groupes le long de la tige.* Les *fleurs* de la Prenanthe blanche sont de *couleur crème,* souvent teintées de vert ou de lilas. Tout comme les espèces jaune et bleue (voir p. 55 et 105), cette laitue sauvage fleurit au début de l'automne. Il existe 10 espèces de Prenanthes dans l'aire étudiée dans ce guide ; certaines atteignent une hauteur de plus de 2 m. Ces espèces se ressemblent beaucoup, mais on peut les distinguer par certaines caractéristiques décrites dans les ouvrages spécialisés de botanique.

PHYTOLAQUE D'AMÉRIQUE
Famille du phytolaque

Cette mauvaise herbe, de grande taille et aux larges feuilles, peut atteindre une hauteur de 1,20 à 2,50 m dans les fourrés humides, les clairières et le long des routes. Elle est facilement identifiée par ses *tiges* rudes et *rougeâtres* et, tard dans la saison, par ses longues grappes pendantes de baies rouge foncé, presque noires, avec des *tiges (pédicelles) rouges.* Les «pétales» blanc verdâtre des petites fleurs sont en fait des sépales. Les baies appétissantes sont toxiques, tout comme la racine qui ressemble à une carotte.

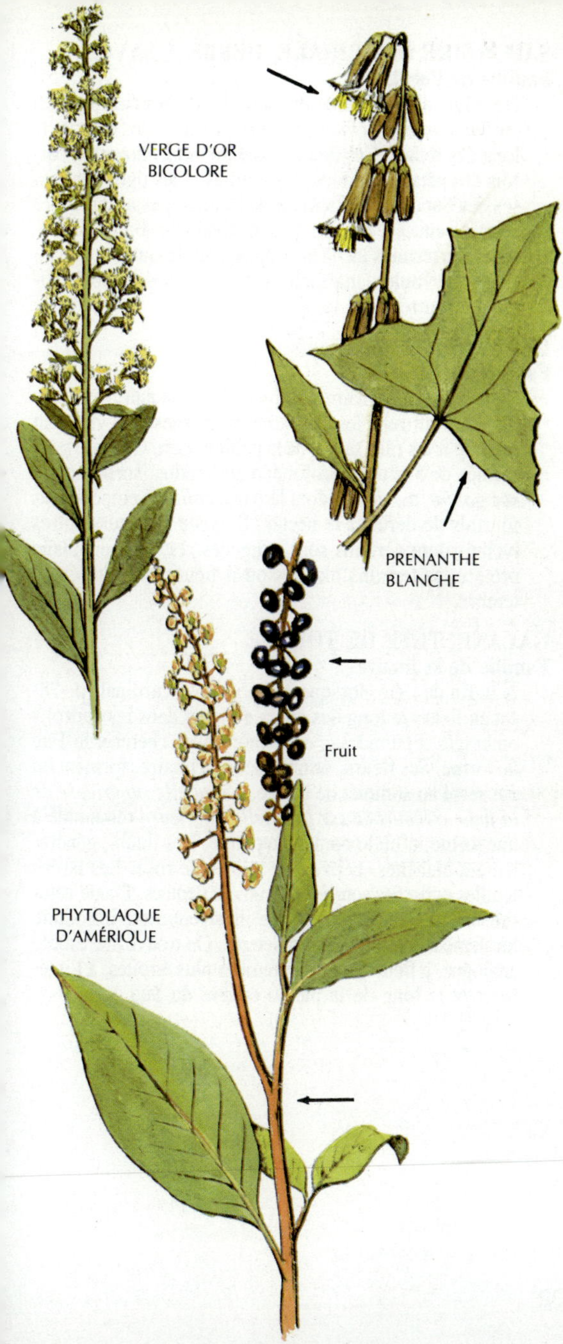
VERGE D'OR
BICOLORE
PRENANTHE
BLANCHE
Fruit
PHYTOLAQUE
D'AMÉRIQUE

SAPONAIRE OFFICINALE, HERBE À SAVON
Famille de l'oeillet

De juillet à septembre, les capitules de ces *fleurs plutôt chiffonnées et à pétales festonnés* forment des massifs le long des routes. Ces fleurs, *roses* ou *blanchâtres* ont parfois des pétales doubles; les feuilles et les tiges sont lisses. La Saponaire officinale est l'une de ces nombreuses plantes venues d'Europe qui ont envahi nos bords de routes et nos terrains incultes. Appelez-les «mauvaise herbe» si vous le voulez, mais elles embellissent des sols incultes qui, autrement, seraient ternes.

LYCHNIS BLANC
Famille de l'oeillet

Cette plante, originaire d'Europe, fleurit la nuit; ses fleurs blanches attirent les papillons nocturnes qui viennent accomplir les rites sacrés de la pollinisation. Chaque fleur, formée de 5 pétales profondément fendus, surmonte un *sac gonflé,* ou calice, dont la paroi *collante* empêche les fourmis de dérober le nectar. Il existe plusieurs autres lychnis dont certains sont indigènes. Le Lychnis blanc préfère les terrains incultes où il fleurit de juin à septembre.

GALANE, TÊTE DE TORTUE
Famille de la linaire

À la fin de l'été, lorsque la Lobélie du cardinal (p. 78) est en fleurs le long des cours d'eau et dans les endroits ombragés et humides, c'est le moment de chercher la Tête de tortue. Ses fleurs, semblables à la linaire, forment un épi serré au sommet de la tige. La *labelle supérieure de la fleur, recourbée sur la labelle inférieure* ressemble à une tortue, d'où le nom de la plante. Les fleurs, généralement blanches, peuvent se teinter de rose. Les larges feuilles opposées sont grossièrement dentées. Plante naturalisée, la Galane rouge (non illustrée) a été introduite localement en Nouvelle-Angleterre. On trouve une espèce analogue, à fleurs rouges et feuilles plus étroites, à l'intérieur et le long de la plaine côtière du Sud.

SAPONAIRE OFFICINALE

LYCHNIS BLANC

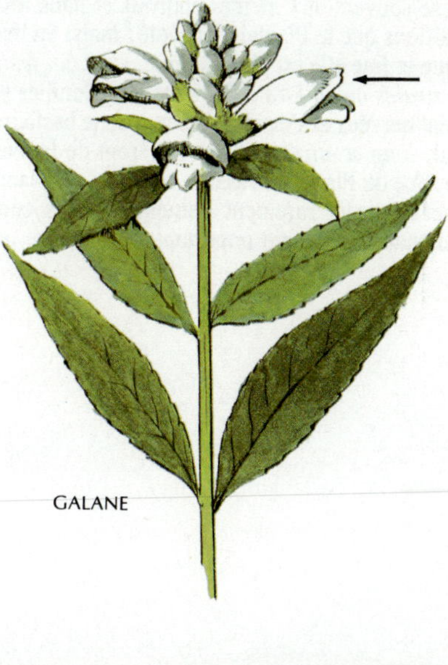

GALANE

CAPSELLE BOURSE-À-PASTEUR
Famille de la moutarde

Cette «mauvaise herbe» naturalisée se distingue par ses petits *fruits* cordés et aplatis. Les fleurs blanches sont minuscules; les *feuilles* de la tige, petites et embrassantes, diffèrent des feuilles de la base, qui *ressemblent au pissenlit.* Floraison d'avril à septembre sur les sols incultes. «Mauvaise herbe» des sols incultes, également naturalisée, le **Thlaspi des champs** (non illustré) possède des fruits beaucoup plus grands, *arrondis,* avec une *profonde encoche* à l'extrémité.

PLANTAIN LANCÉOLÉ
Famille du plantain

Cette modeste «mauvaise herbe» familière des lieux incultes et du bord stérile des routes nous est venue de l'Ancien Monde où elle s'était déjà adaptée dans des conditions semblables. Ce plantain a une tige striée de 22 à 50 cm surmontée d'un *épi de fleurs court et touffu,* dépassant des *feuilles longues et presque herbacé.* Le Plantain lancéolé fleurit d'avril à novembre. Une autre espèce plus petite, plus charnue, le **Plantain joncoïde** (non illustré) pousse le long du rivage maritime du New-Jersey vers le nord.

PLANTAIN MAJEUR, GRAND PLANTAIN
Famille du plantain

Cette «mauvaise herbe» familière, importée d'Europe, pousse souvent aux mêmes endroits et dans les mêmes conditions que le Plantain lancéolé; mais, au lieu d'être longue et fine elle est plutôt trapue, avec des *feuilles larges, ovales ou en forme de bêche.* Ces feuilles sont fortement nervées et s'étalent en une rosette basilaire. L'épi floral, *long et étroit,* est très différent de la tête courte et touffue du Plantain lancéolé. Même si ces plantes naturalisées attirent rarement l'attention, elles constituent maintenant une partie importante de la flore urbaine.

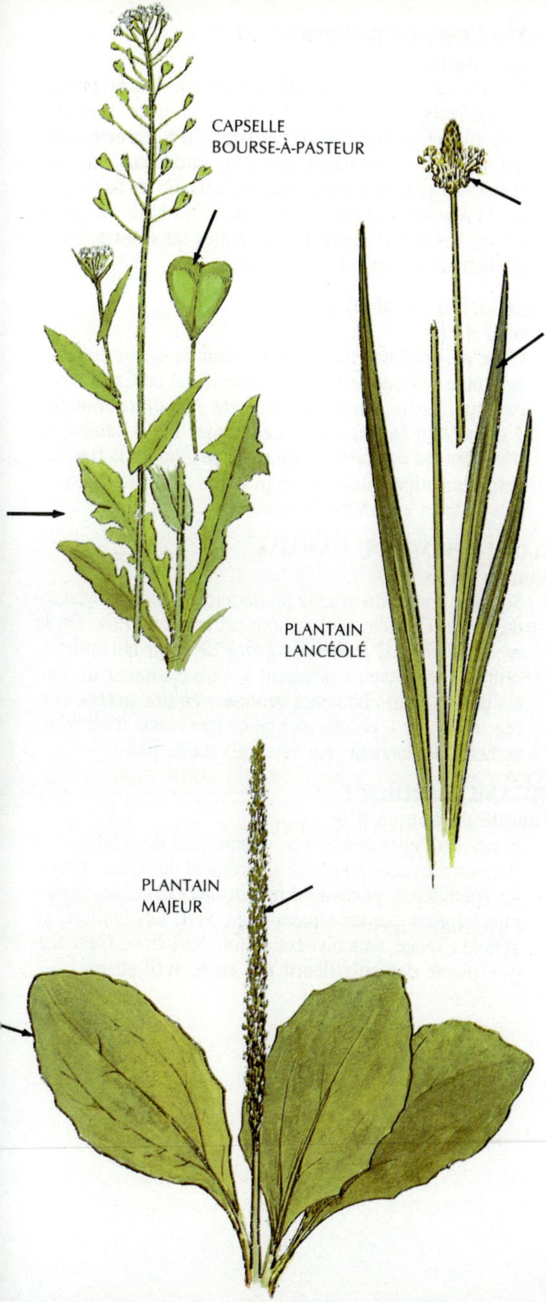
CAPSELLE
BOURSE-À-PASTEUR
PLANTAIN
LANCÉOLÉ
PLANTAIN
MAJEUR

SMILACINE À GRAPPES
Famille du lis

Les feuilles ovales et pointues, sont alternes le long de la tige inclinée qui se *termine* en un *panicule* de petites fleurs blanc crème comme chez la spirée. Le Sceau-de-Salomon (p. 125) ressemble à la Smilacine, mais les *fleurs, en paire, se balancent à l'aisselle de la feuille.* La Smilacine à grappes fleurit dans les bois, de mai à juillet. Les fruits, des baies blanchâtres tachetées de brun, deviennent rouge vif par la suite.

SMILACINE TRIFOLIÉE
Famille du lis

Cette petite plante des bois, en fleur au début de l'été, peut être confondue avec le Maïanthème du Canada (ci-dessous) ; mais, elle a généralement *3 feuilles* et non pas 2 comme le Maïanthème. Les petites fleurs, *en forme d'étoile,* ont 6 pétales et alternent le long de la tige au-delà des feuilles brillantes et pointues qui se rétrécissent à la base et engainent la tige.

MAÏANTHÈME DU CANADA
Famille du lis

Souvent confondu avec la Smilacine trifoliée, le Maïanthème du Canada, tapisse souvent les bois frais. On le reconnaît à ses *2 feuilles en forme de coeur* qui embrassent la tige : il y en a rarement 3. Puis examinez les toutes petites fleurs blanches groupées en une grappe serrée. Elles ont *4 pétales* et non 6. Les baies, d'un blanc tacheté, deviennent, par la suite, rouge pâle.

PIGAMON DIOÏQUE
Famille du bouton d'or

Notez les fleurs *tombantes,* dépourvues de pétales. Les fleurs mâles, qui poussent séparément des fleurs femelles (pistillées), portent de nombreuses étamines jaunes plus longues que les sépales blanc-vert. Les feuilles, au pétiole allongé, sont divisées en folioles lobées. Cette fragile plante des bois fleurit *tôt,* entre avril et mai.

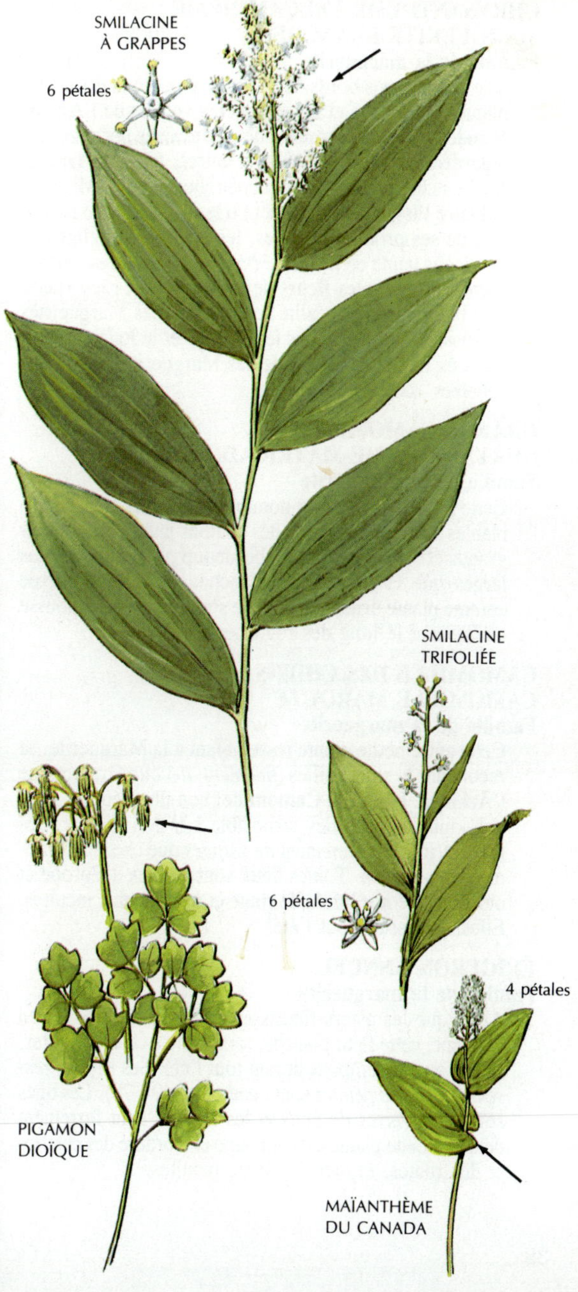
SMILACINE
À GRAPPES
6 pétales
SMILACINE
TRIFOLIÉE
6 pétales
4 pétales
PIGAMON
DIOÏQUE
MAÏANTHÈME
DU CANADA

CHRYSANTHÈME LEUCANTHÈME MARGUERITE BLANCHE
Famille de la marguerite

Que seraient nos bords de route et lieux incultes sans les plantes échappées et les étrangères venues de l'Ancien Monde? Certaines, traitées de «mauvaises herbes» sont regardées dédaigneusement; d'autres, telle la Marguerite blanche, sont aimées «un peu, beaucoup». Même le vulgaire Pissenlit est vraiment très joli, plus que la plupart de ses proches parentes, les épervières indigènes. *Le disque* jaune en *forme de bouton, et aplati* au centre, porte les véritables fleurs de la Marguerite; les «pétales» blancs sont en réalité des rayons. Les Marguerites fleurissent tout l'été dans les champs et le long des routes. Les fleurs de la famille des Marguerites sont aussi appelées «composées».

GRANDE CAMOMILLE, CHRYSANTHÈME-MATRICAIRE
Famille de la marguerite

Cette plante touffue aux nombreuses petites fleurs semblables aux marguerites, a des boutons jaunes un peu plus grands et des rayons blancs beaucoup plus courts et plus larges que la Marguerite blanche. Autrefois cultivée comme plante ornementale, elle s'est échappée et pousse maintenant le long des routes.

CAMOMILLE DES CHIENS, CAMOMILLE MAROUTE
Famille de la marguerite

Cette autre petite plante ressemblant à la Marguerite, se reconnaît à ses feuilles *finement découpées,* comme l'Achillée. La **Petite Camomille** (non illustrée) est aussi une «mauvaise herbe» semblable à la Marguerite. Ses feuilles sont *plus finement découpées* que chez la Camomille des chiens. Toutes deux sont venues d'Europe et ont apprécié nos bords de route et nos terrains incultes. Elles fleurissent tout l'été.

ÉRIGÉRON ANNUEL
Famille de la marguerite

Alors que les asters fleurissent à la fin de l'été ou en automne, cette fleur blanche, semblable à celle de l'aster, fleurit au printemps et durant tout l'été. Ses rayons *ressemblant à des pétales* sont *nombreux* (40 à 70). Les tiges sont *recouvertes de poils* et les feuilles sont fortement dentées. Cette plante est commune en bordure des champs et des routes, et dans les lieux incultes.

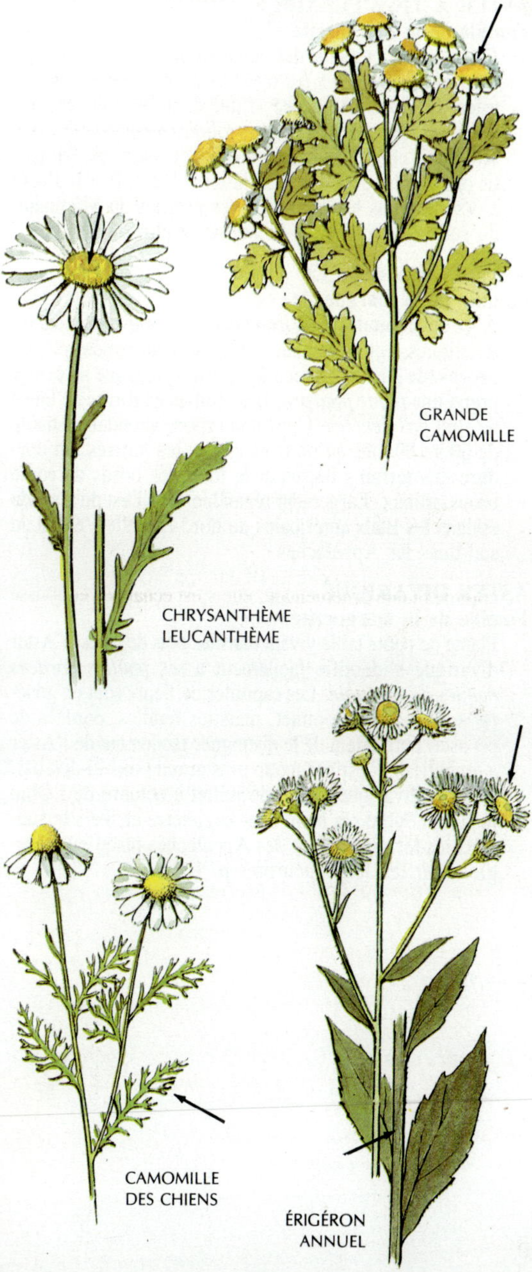
GRANDE CAMOMILLE
CHRYSANTHÈME LEUCANTHÈME
CAMOMILLE DES CHIENS
ÉRIGÉRON ANNUEL

ASTER À TIGE FLEXIBLE

Famille de la marguerite

Des dizaines, et même des centaines de *petites fleurs blanches se pressent sur les tiges lisses et pourpres* de cet aster, lui donnant l'aspect d'une dentelle. Les feuilles, allongées, possèdent de *petites folioles au niveau de l'aisselle* (voir en gros plan ci-contre). Cet Aster, qui fait partie des nombreuses espèces d'asters blancs, fleurit d'août à octobre dans les champs et les prairies du Michigan, du sud de l'Ontario et du Maine et plus au sud.

ASTER À OMBELLES

Famille de la marguerite

Avec ses capitules (inflorescences) *à sommet plat* caractéristiques, cet aster blanc possède relativement peu de rayons (de 2 à 15). Avec l'âge, le disque jaune au centre prend une *teinte pourpre.* Les feuilles en forme de lance ne sont *pas dentées.* C'est une espèce abondante, haute de 60 à 180 cm, qu'on trouve dans les fourrés, en bordure des terrains boisés et le long des bords de route broussailleux. Largement répandue dans l'est du Canada et dans les États américains du nord-est, elle s'étend au sud dans les Appalaches.

ASTER DIVARIQUÉ

Famille de la marguerite

Plante de petite taille vivant dans les bois dégagés, l'Aster divariqué s'identifie facilement à ses *feuilles cordées munies d'un pétiole.* Les capitules de fleurs sont en général aplatis à leur sommet, mais les feuilles, cordées de cet aster permettent de le distinguer facilement de l'Aster à ombelles qui est beaucoup plus grand (voir ci-dessus). L'Aster divariqué fleurit de juillet à octobre de l'Ohio jusqu'au Sud de la Nouvelle-Angleterre et, vers le sud, dans les terrains boisés des Appalaches jusqu'en Georgie. Voir les asters pourpres p. 102.

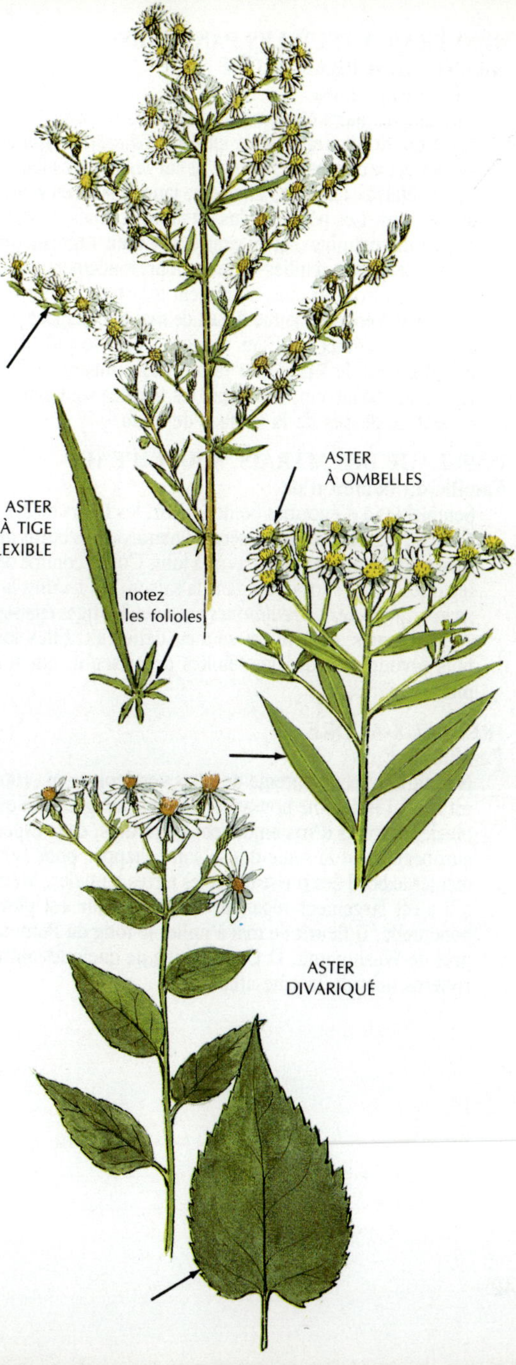
ASTER
À TIGE
FLEXIBLE
notez
les folioles
ASTER
À OMBELLES
ASTER
DIVARIQUÉ

NÉNUPHAR À FEUILLES PANACHÉES, GRAND NÉNUPHAR JAUNE

Famille du nymphéa

Ce nénuphar jaune est commun dans le nord-est de l'Amérique du Nord; *ses feuilles en forme d'assiette flottent* sur les eaux calmes des étangs et sur les rivières lentes. Les «pétales» charnus, arrondis, jaunes sont en réalité des sépales. Les pétales, plus ou moins cachés, ressemblent à des étamines, et au centre, il y a un stigmate discoïde. Les larges feuilles vertes sont profondément entaillées à l'endroit où elles s'unissent à la tige immergée. Le Grand Nénuphar jaune fleurit de mai à septembre partout au Canada et les États du nord. Vers le sud, il est remplacé par le **Lis d'eau jaune** (non illustré) qui lui ressemble beaucoup, mais dont les feuilles sont généralement au-dessus de la surface de l'eau.

POPULAGE DES MARAIS, SOUCI D'EAU

Famille du bouton d'or

Semblables à d'énormes boutons d'or, les fleurs de 2,5 à 4 cm de diamètre embellissent les marais et les bords des ruisseaux au printemps, d'avril à juin. Cuites comme des légumes verts, surtout tôt dans la saison, les *feuilles luisantes, arrondies ou réniformes* ainsi que les tiges épaisses et succulentes, constituent un mets délicieux. Elles sont plus savoureuses que les feuilles de pissenlit, qui sont plutôt amères.

IRIS FAUX-ACORE

Famille de l'iris

Naturalisée, cette parente de l'Iris versicolore (p. 106), est le seul iris *jaune* poussant à l'état sauvage. Bien que plusieurs sortes d'iris enjolivent les jardins, cette espèce européenne est la seule qui se soit échappée pour agrémenter le bord des ruisseaux et les terres humides. Même s'il s'est largement répandu, sa distribution est plutôt ponctuelle. Il fleurit de mai à juillet le long du Potomac près de Washington, D.C. et le long de quelques autres rivières près de la côte atlantique.

NÉNUPHAR JAUNE
FEUILLES PANACHÉES

IRIS FAUX-ACORE

POPULAGE
DES MARAIS

ÉRYTHRONE D'AMÉRIQUE
Famille du lis

Ce petit lis jaune de 10 à 25 cm de haut, est l'une des fleurs printanières préférées du promeneur en forêt. Les *pétales jaunes réfléchis* sont souvent pourpre dessous et les deux grandes feuilles basales sont *tachetées de brun.* Il fleurit dans les bois de mars à mai dans le Minnesota, l'Ontario, la Nouvelle-Écosse et plus au sud. Des formes ou des espèces analogues, de couleur blanche, poussent ailleurs en Amérique du Nord.

CLINTONIE BORÉALE
Famille du lis

Deux ou trois *clochettes jaune-vert* s'élèvent au bout d'un pédoncule sans feuilles, au-dessus de 2 ou 3 feuilles basales larges et brillantes ; le temps venu, des baies bleu foncé remplacent les fleurs. Ce petit lis modeste fleurit de mai à juillet dans les bois frais, ainsi que dans les régions montagneuses du Canada et des États adjacents jusqu'en Georgie. Une espèce analogue, la **Clintonie en ombelle** (non illustrée) se rencontre dans l'est de l'Ohio et l'ouest de l'État de New-York et vers le sud dans les Appalaches.

CYPRIPÈDE SOULIER, SABOT DE LA VIERGE
Famille de l'orchidée

Le *« sabot » en forme de sac* et les *pétales bruns* spiralés sont caractéristiques de cette charmante orchidée jaune. Les tourbières, les bois humides et les marais ombragés forment l'environnement de cette fleur plutôt rare. Sa taille est variable, allant de la forme «petite» illustrée ici, jusqu'au **Cypripède pubescent.** Tous les cypripèdes fleurissent de mai à juillet au Québec et à Terre-Neuve et localement vers le sud jusque dans les montagnes de la Georgie. C'est une espèce en danger de disparition dans certaines régions. Il faut l'admirer sans la cueillir. Voir le Cypripède acaule et le Cypripède royal, p. 77.

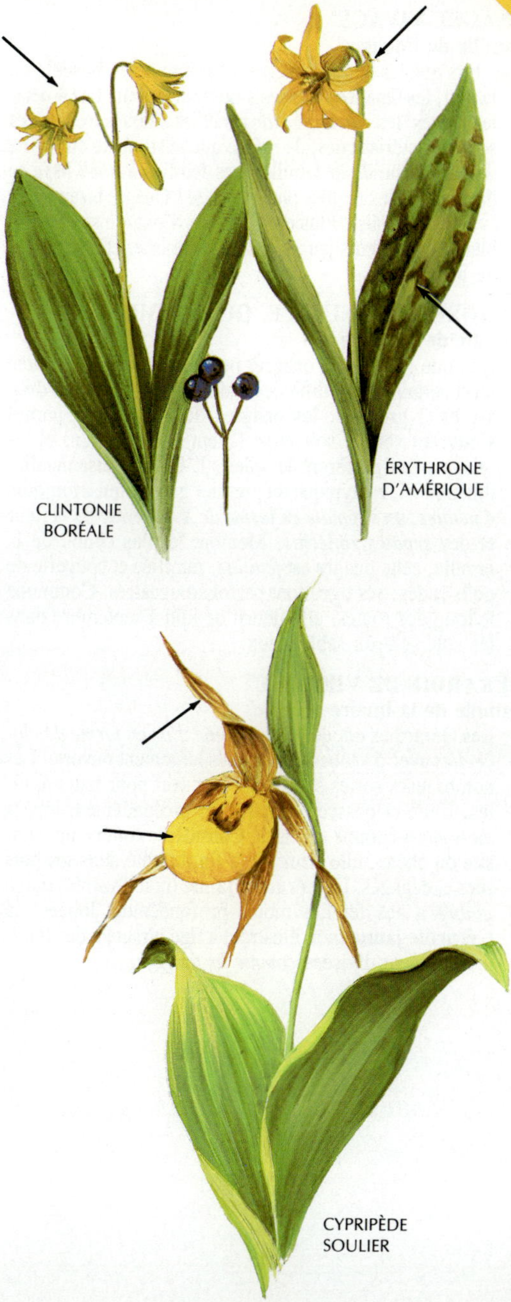
CLINTONIE
BORÉALE
ÉRYTHRONE
D'AMÉRIQUE
CYPRIPÈDE
SOULIER

ONAGRE VIVACE
Famille de l'onagre

Alors que les autres onagres s'ouvrent au crépuscule ou la nuit, les Onagres vivaces s'ouvrent le jour. Les 4 pétales jaunes, les *étamines oranges* et les siliques très striées sont caractéristiques, de même que le stigmate en forme de X typique de la famille. Les feuilles à *bord lisse* se distinguent des feuilles plus rudes de l'Onagre bisannuelle (voir ci-dessous). Plusieurs espèces d'onagre se ressemblent. Leurs fleurs jaunes ornent les prairies et les champs de juin à août.

ONAGRE BISANNUELLE, OU COMMUNE
Famille de l'onagre

Quelque 15 sortes d'onagres poussent dans l'aire traitée ici et certaines sont difficiles à identifier. On peut les diviser en 2 groupes: les onagres dont les fleurs jaunes s'ouvrent vers le soir et se fanent le lendemain, et les onagres qui préfèrent le soleil. L'Onagre bisannuelle, illustrée ici, est typique du premier groupe qui a toujours *4 pétales, un stigmate en forme de X* au centre de la fleur et des *sépales réfléchis.* Membre le plus connu de la famille, cette onagre est *feuillue,* ramifiée et couverte de poils rudes; ses tiges sont parfois rougeâtres. Commune le long des routes, elle fleurit de juin à septembre dans les sols secs ou sablonneux.

GÉRARDIE DE VIRGINIE
Famille de la linaire

Les Gérardies ont des *fleurs jaune d'or en forme de clochettes* avec 5 «lobes» ou pétales largement ouverts. Les nombreuses sortes se ressemblent sauf pour leurs feuilles. Celle-ci possède des *feuilles* profondément lobées *duveteuses* comme ses tiges. Considérée comme un parasite du chêne, elle fleurit à la fin de l'été dans les bois secs et dégagés. La **Gérardie jaune** (non illustrée) *à tige glabre* a des feuilles moins profondément lobées; la **Gérardie jaune** (non illustrée) à tige hirsute a des feuilles finement divisées *comme la fougère.*

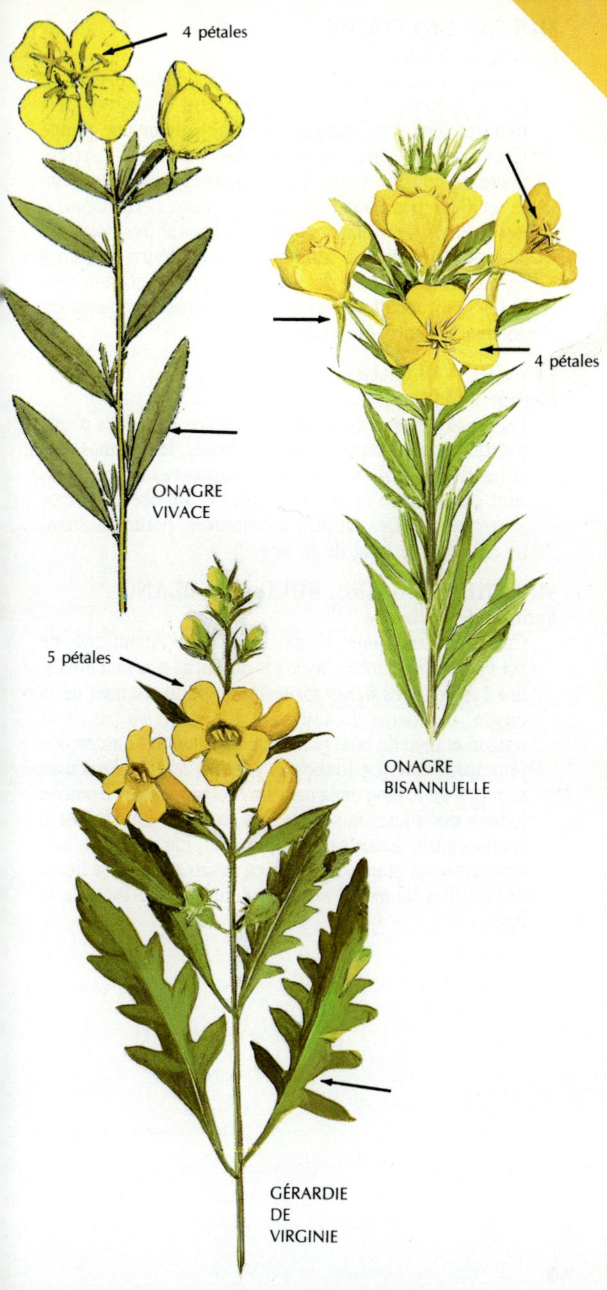
4 pétales
ONAGRE
VIVACE
4 pétales
ONAGRE
BISANNUELLE
5 pétales
GÉRARDIE
DE
VIRGINIE

MOLÈNE BLATTAIRE

Famille de la linaire

Cette jolie plante naturalisée est aussi délicate et élancée que sa parente, la Molène vulgaire (voir ci-dessous), est robuste. Ses fleurs à pétales arrondis, formant une grappe lâche, peuvent être jaunes ou blanches, avec l'arrière teinté de pourpre terne. Les caractères à observer sont le feuillage peu abondant, les *bourgeons ressemblant à des boutons,* les *anthères orange* et les *«poils» pourprés* sur les étamines. La Molène blattaire fleurit de juin à septembre en bordure des chemins, dans les champs secs et les lieux incultes. Les anthères poilues évoquent les antennes d'un papillon de nuit.

LINAIRE VULGAIRE

Famille de la linaire

Pendant les mois d'été et jusqu'à octobre, cette jolie plante naturalisée agrémente le long des routes, les champs secs et les lieux incultes. Les fleurs, *disposées en grappes*, sont jaunes avec un *palais orange* et un éperon mince et retombant. Des feuilles nombreuses, petites et étroites montent le long de la tige.

MOLÈNE VULGAIRE, BOUILLON BLANC

Famille de la linaire

Cette robuste plante, originaire d'outre-Atlantique, ne peut passer inaperçue, avec ses 60 cm et pouvant atteindre 1,80 m. Les *fleurs forment un épi* au sommet de la plante. Les fleurs commencent à s'ouvrir au bas de la longue grappe de bourgeons et continuent leur ascension jour après jour. Le limbe des grandes *feuilles laineuses* se prolonge le long de la tige. La Molène Vulgaire pousse le long des routes et sur les sols pauvres. La **Molène à feuilles embrassantes** (non illustrée), plante naturalisée apparentée, la grappe de fleurs est *moins serrée* et le limbe des feuilles laineuses ne se prolonge pas le long de la tige.

LINAIRE VULGAIRE
MOLÈNE BLATTAIRE
MOLÈNE VULGAIRE

MILLEPERTUIS COMMUN
Famille du millepertuis

Cette plante naturalisée est commune le long des r dans les champs herbeux et les lieux incultes qu'ell de ses bouquets de fleurs jaunes tout au long de Les fleurs ont, au centre, une *touffe d'étamines bords* des 5 pétales sont *ponctués de points noirs.* À men, les petites feuilles opposées dévoilent des transparents. Il existe plusieurs autres millepertui illustrés), indigènes pour la plupart, de taille var les fleurs du **Millepertuis pyramidal** ont 5 à 7 diamètre alors que celles du **Millepertuis nain** mo 2 cm de diamètre.

LYSIMAQUE TERRESTRE
Famille de la primevère

Au milieu de l'été, la *grappe élancée* de petites jaunes étoilées fleurit dans les lieux marécageux et l des rives herbeuses. Notez particulièrement le *cer taches rouges* sur les pétales. Les feuilles opposées tent le long de la tige. Cette espèce, l'une des nom ses lysimaques à fleurs jaunes, pousse abondammen les lieux humides. La **Lysimaque commune** (non trée) est plus grossière, plus touffue et pubescent fleurs forment un bouquet allongé, ramifié à l'a des feuilles supérieures. Elle s'échappe parfoi cultures.

LYSIMAQUE À QUATRE FEUILLES
Famille de la primevère

Cette plante délicate pousse dans les bois dégagés, à des forêts et sur les rivages. Ses feuilles sont *verti par 4.* De la base de chaque feuille monte une tige portant une fleur petite jaune à 5 pétales. Chaque est tachetée de *rouge* autour du centre. La **Sal** (p. 83), qui ressemble aux lysimaques, appartien famille des Lythrum.

MILLEPERTUIS
COMMUN

LYSIMAQUE
TERRESTRE

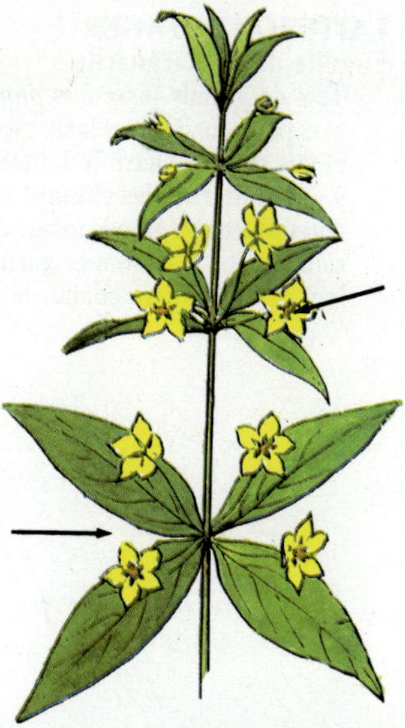

LYSIMAQUE À
QUATRE FEUILLES

PISSENLIT (OFFICINAL)
Famille de la marguerite

Qui ne connaît pas le pissenlit? Certains l'éliminent de leur gazon comme une mauvaise herbe, d'autres la laissent tranquille, et la voient comme une messagère du printemps, à l'égal des Merles d'Amérique. On ne peut se tromper en voyant les *feuilles dentées,* les *sépales réfléchis* sous les fleurs, la *tige creuse* qui laisse s'écouler un liquide laiteux lorsqu'on la casse, et les *graines rondes à aigrette.* Cette plante, originaire de l'Ancien Monde, fleurit tout l'été.

SALSIFIS DES PRÉS
Famille de la marguerite

Beaucoup plus élancé que le modeste pissenlit, le Salsifis des prés se distingue par ses *feuilles herbacées* qui embrassent la tige, et les *longues bractées vertes* qui supportent la fleur qui se ferme à midi. Les bractées du Pissenlit commun sont recourbées vers le bas. Ces deux plantes laissent s'écouler un liquide laiteux lorsque l'on casse sa tige. Cette plante importée s'est bien adaptée aux bords des routes et des champs. Ses têtes rondes de graines à aigrette ressemblent beaucoup à celles du pissenlit mais elles sont *plus grandes* et sur des *tiges plus longues.* Une espèce étroitement apparentée, le **Salsifis cultivé** (non illustré), a des fleurs rougeâtres; les deux espèces s'hybrident fréquemment.

LAITERON POTAGER
Famille de la marguerite

Tels de grands pissenlits *piquants*, les Laiterons potagers poussent dans les lieux incultes et au bord des champs et des routes. Outre le Laiteron potager, illustré ici, il y a le **Laiteron des champs** *moins piquant*, et le **Laiteron épineux**, à grands *lobes, en forme d'oreille,* embrassant la tige. Tous sont originaires d'Europe, tout comme leur cousin mieux connu, le Pissenlit.

PISSENLIT

SALSIFIS
DES PRÉS

LAITERON
POTAGER

LAITUE DU CANADA
Famille de la marguerite

Les *panicules lâches* de petites fleurs pâles, ressemblant au pissenlit et, jusqu'à un certain point, *la forme des feuilles* montrent le lien de parenté entre les laitues, les pissenlits et les épervières, mais, la Laitue du Canada les domine toutes, avec sa taille de *1,20 cm à 3 m.* Ses feuilles inférieures peuvent avoir jusqu'à 25 cm de long. Cette espèce est jaune mais il existe des laitues analogues blanches ou bleues (voir p. 31 et 105). La Laitue du Canada fleurit de juillet à septembre, sur le bord touffu des routes et dans les clairières.

ÉPERVIÈRE DU CANADA
Famille de la marguerite

Comme les diverses autres épervières (non illustrées), l'Épervière du Canada a une panicule terminale lâche composée de petites fleurs, semblables au pissenlit mais les feuilles, nombreuses sur la tige, sont *grossièrement dentées.* Elle pousse en bordure des bois et dans les fourrés le long des routes; elle fleurit à la fin de l'été du Canada et vers le sud, jusque dans les États des Grands Lacs et au New-Jersey. L'**Épervière de Gronovius** (non illustrée) est plus élancée; elle a plusieurs grandes feuilles, *garnies de poils,* sur la *moitié inférieure* de la tige *uniquement.*

ÉPERVIÈRE DES PRÉS
Famille de la marguerite

Les épervières ressemblent à des pissenlits en miniature; elles leur sont d'ailleurs apparentées. L'Épervière des prés est une espèce munie de poils; *ses tiges* et ses *bractées* sont *hérissées de poils noirâtres.* Elle fleurit de mai à août dans les champs et en bordure des routes de l'est du Canada, du nord-est des États-Unis et, plus au sud, dans les montagnes. Autre plante naturalisée, l'**Épervière orangée** (non illustrée) ressemble à une Épervière des prés qui serait orange foncé. Toutes deux poussent souvent dans les mêmes champs.

LAITUE DU CANADA
ÉPERVIÈRE DU CANADA
ÉPERVIÈRE DES PRÉS

HÉLIANTHE ANNUEL, SOLEIL, TOURNESOL
Famille de la marguerite

C'est une réplique sauvage et plus petite du Tournesol cultivé (dont les fleurs peuvent atteindre 25 cm de diamètre). Les *feuilles rudes,* dentées, *cordées ou ovoïdes* sont portées par un pétiole mince. Le Tournesol annuel mesure de 90 cm à 3,50 m. Il pousse dans les prairies et les champs du centre-ouest américain, et s'est établi localement dans l'est, au bord des routes. Les autres tournesols sauvages peuvent être identifiés par la structure et la disposition de leurs feuilles (voir *Le guide des fleurs sauvages).*

RUDBECKIE HÉRISSÉE, MARGUERITE JAUNE
Famille de la marguerite

Les fleurs de cette composée sont semblables à la marguerite, et chacune, avec ses nombreux *rayons jaune d'or* et un *bouton central brun chocolat,* est portée par une tige mince et hispide. Les feuilles sont aussi garnies de poils plus ou moins raides. Bien que la Rudbeckie hérissée pousse maintenant dans les lieux cultivés et les bois dégagés, elle est apparemment introduite dans l'est depuis le siècle dernier avec le grain de trèfle rouge venant du centre-ouest. Elle fleurit de juin à octobre. Les fleurs de la **Rudbeckie trilobée** (non illustrée), plus petites et plus nombreuses, ont moins de rayons (8 à 10), et ses feuilles inférieures ont *3 lobes.*

RUDBECKIE LACINIÉE
Famille de la marguerite

Cette jolie fleur, semblable à une marguerite, atteint une hauteur de 90 cm à 3 m. Elle est étroitement apparentée à la Rudbeckie hérissée, mais son disque central proéminent est *vert* et non brun chocolat. Les rayons jaunes sont *réfléchis* et les feuilles, *profondément divisées* en 3 ou 5 parties. La Rudbeckie laciniée fleurit de juillet à septembre, dans les sols riches et humides du Canada et vers le sud.

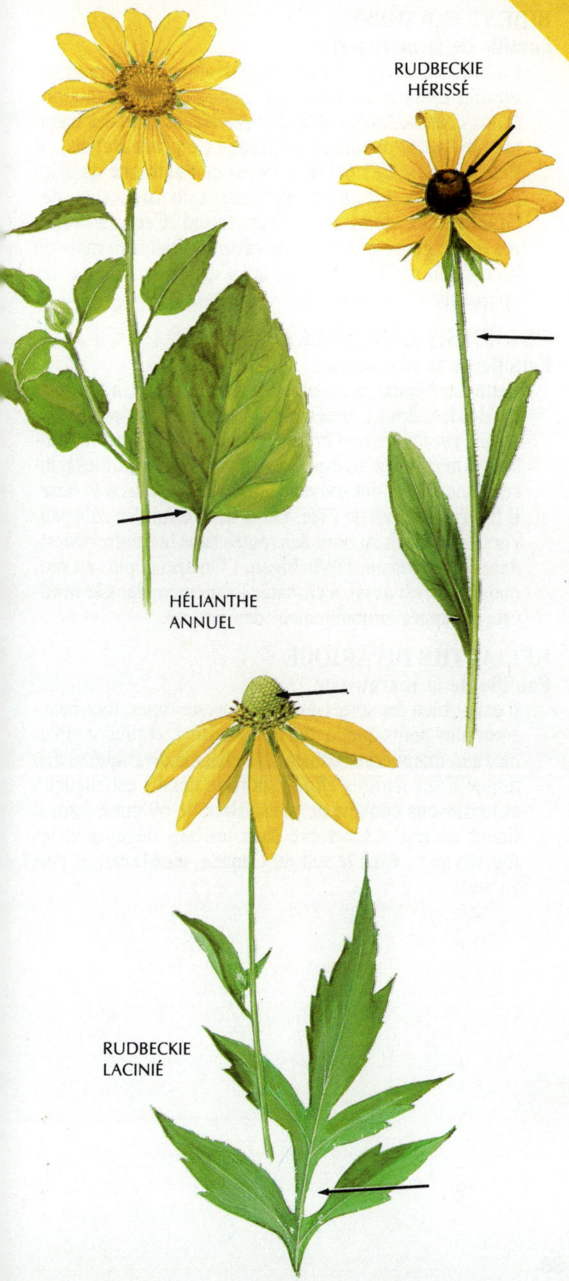
RUDBECKIE
HÉRISSÉ
HÉLIANTHE
ANNUEL
RUDBECKIE
LACINIÉ

BIDENT COURONNÉ

Famille de la marguerite

Le Bident couronné est un coréopsis bien connu pour ses *graines aplaties et dentées* qui adhèrent aux pantalons et aux chaussettes. Le Bident couronné, est l'un des membres les plus voyants de ce groupe (le genre *Bidens*). Il fleurit à la fin de l'été et au début de l'automne dans les prés humides et les lieux marécageux du Minnesota, des Grands Lacs, du Maine, et vers le sud. Certaines espèces de ce genre n'ont pas de rayons pétaloïdes mais on les connaît par leurs graines qui s'agrippent comme des «piquants».

CORÉOPSIS LANCÉOLÉ

Famille de la marguerite

Cette fleur jaune, semblable à une marguerite, a 8 rayons pétaloïdes, dont l'extrémité à *4 lobes* est *crénelée* et le disque est *jaune* (non brun chocolat comme chez la Rudbeckie hérissée et les espèces analogues). Les feuilles minces, lancéolées, ont souvent deux *lobes pointus à la base.* Il fleurit au début de l'été. On la trouve sur des sols pauvres, et souvent au bord des routes dans le Centre-Ouest, dans le Wisconsin, le Michigan, l'Ontario et plus au sud, mais elle s'est aussi acclimatée localement dans le nord-est, échappée probablement des jardins.

HÉLIANTHE DIVARIQUÉ

Famille de la marguerite

Il existe bien des sortes de tournesols sauvages, tous beaucoup plus petits que le tournesol cultivé, et plus semblables aux marguerites jaunes. L'Hélianthe divariqué se distingue à ses *feuilles effilées* dont le dessus est rugueux et le dessous couvert de poils. Haut de 60 cm à 2 m, il fleurit de juillet à octobre dans les bois dégagés et les fourrés secs, dans le sud du Canada, au Maine, et plus au sud.

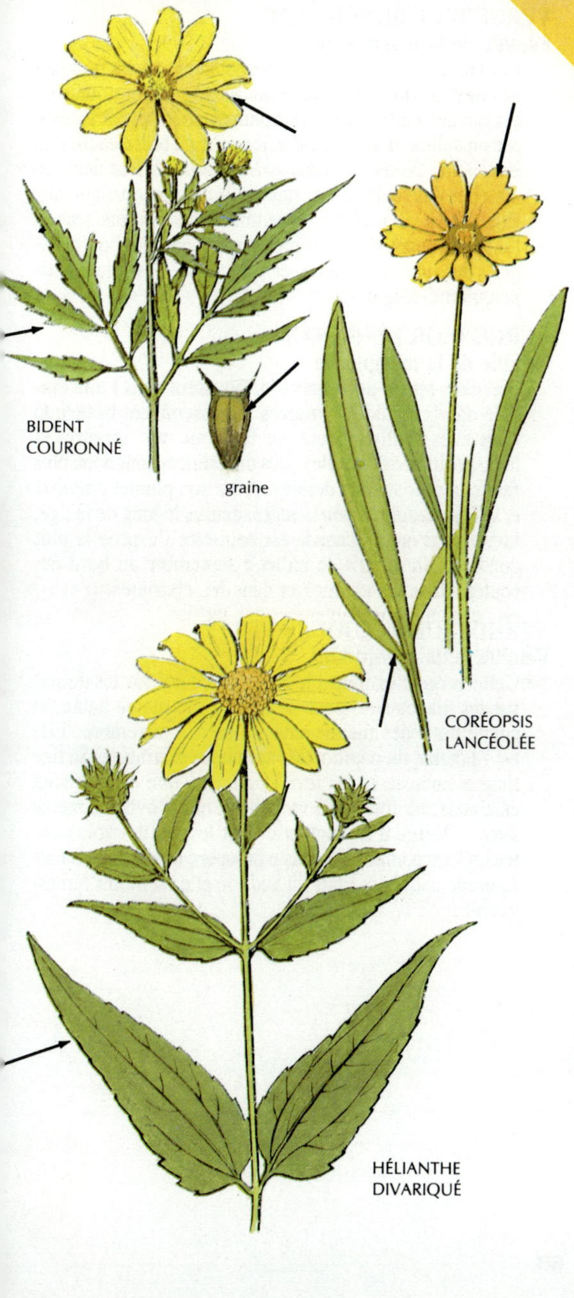
BIDENT
COURONNÉ
graine
CORÉOPSIS
LANCÉOLÉE
HÉLIANTHE
DIVARIQUÉ

VERGE D'OR JONCIFORME

Famille de la marguerite

Les verges d'or peuvent être déroutantes ; toutes sont jaunes sauf la Verge d'or bicolore (p. 30). Les inflorescences ont des formes variables : plumet, massue, bâton, évasée ou aplatie. La Verge d'or jonciforme présente un plumet effilé. Notez les *minuscules folioles ailées* dans les aisselles des feuilles supérieures, *minces et non dentées*. Elle fleurit de juillet à septembre dans les sols secs le long des routes, des rives rocheuses et dans les bois dégagés, du sud du Canada et du centre des États-Unis jusqu'en Georgie.

VERGE D'OR DU CANADA

Famille de la marguerite

Plusieurs sortes de verges d'or poussent dans l'aire étudiée dans ce guide ; certaines se ressemblent beaucoup mais elles se distinguent par la forme, les nervures et la disposition des feuilles. Ces différences sont donc plus faciles à voir sur des dessins. Avec son plumet gracieux et ses *feuilles fortement dentées,* denses le long de la tige, la Verge d'or du Canada est peut-être l'espèce la plus connue. Elle fleurit de juillet à septembre au bord des routes, dans les champs et dans les clairières.

VERGE D'OR TOUJOURS VERTE

Famille de la marguerite

Cette verge d'or fleurit le long de la côte, sur les dunes, sur les plages au-dessus de la ligne de marée haute, et sur le bord des marais salés, d'août à novembre. Elle est l'hôtesse du papillon Monarque en migration. Sa tige lisse et robuste et ses *feuilles minces, non dentées* sont *charnues*. Sa forme est variable et elle s'hybride même avec la Verge d'or rugueuse dont les feuilles sont dentées. Cette composée robuste prospère du golfe du Saint-Laurent jusqu'aux États du Sud, où elle est moins remarquable.

VERGE
D'OR JONCIFORME
VERGE D'OR
DU CANADA
VERGE D'OR
OUJOURS VERTE

VERGE D'OR GRAMINIFOLIÉE

Famille de la marguerite

C'est la verge d'or commune *à sommet aplati.* Les *feuilles minces,* comme *celles du saule,* ont des bords rudes, non dentés et leurs *nervures* (3 à 5) sont *parallèles* (vaisseaux non ramifiés). Comme l'espèce suivante elle est odorante. Elle fleurit dès juillet et parfois jusqu'en octobre; elle préfère les lieux humides, les bords de routes et de ruisseaux.

VERGE D'OR BLEUÂTRE

Famille de la marguerite

Cette verge d'or fleurit d'août à octobre dans les bois et taillis. Facile à identifier par ses *touffes de fleurs bien espacées,* logées dans les aisselles de ses feuilles lisses et minces, où elles s'unissent à la *tige violacée.*

VERGE D'OR À FEUILLES D'ORME

Famille de la marguerite

Les *fleurs* de cette verge d'or forment des *grappes arquées,* rappelant les branches gracieuses de l'orme. On peut la confondre avec la **Verge d'or à feuilles rugueuses** (non illustré), qui a une *tige à 4 côtés* et des *feuilles inférieures beaucoup plus grandes* pouvant atteindre plus de 30 cm de long. Alors que la Verge d'or à feuilles d'Orme préfère les bois secs et les taillis, l'autre croît plutôt dans les marécages, tourbières et prairies humides.

VERGE D'OR ODORANTE À FEUILLES ÉTROITES

Famille de la marguerite

Cette Verge d'or à sommet aplati est semblable à l'espèce précédente mais ses feuilles, plus lisses, plus finement découpées, et étroites comme un brin d'herbe, ont *une seule nervure* (et non 3) et sont picotées. Cette plante est très odorante surtout lorsqu'on l'écrase. Elle préfère les sols sablonneux et le bord des marais salés, surtout près de la côte, mais elle pousse bien en Nouvelle-Écosse, et du Maine à la Floride. On trouve une espèce semblable près de la rive sud des lacs Michigan et Érié.

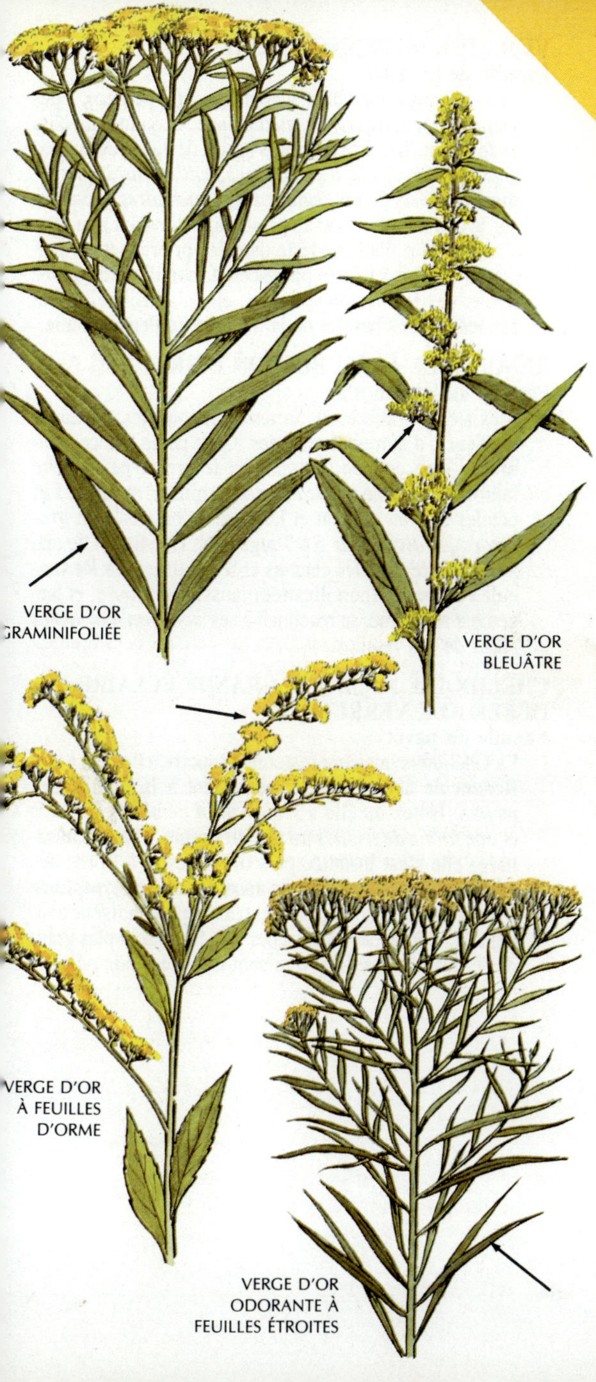
VERGE D'OR
GRAMINIFOLIÉE
VERGE D'OR
BLEUÂTRE
VERGE D'OR
À FEUILLES
D'ORME
VERGE D'OR
ODORANTE À
FEUILLES ÉTROITES

VIOLETTE DE PENNSYLVANIE
Famille de la violette

Les violettes ressemblent à de minuscules pensées. Elles viennent en diverses teintes de blanc, de jaune, de bleu et de violet. Il existe plusieurs sortes de violettes jaunes. On la reconnaît à sa *tige lisse,* ses *feuilles basales* largement *cordées,* et aux *feuilles supplémentaires* présentes sur le pédoncule. C'est au printemps, d'avril à juin, que s'ouvre cette fleur modeste dans les prairies et les jeunes forêts. **La Violette pubescente** (non illustrée) a une tige et des feuilles *pubescentes,* elle n'a habituellement pas les feuilles basales de la Violette de Pennsylvanie.

RENONCULE ÂCRE, BOUTON D'OR
Famille du bouton d'or

Il existe de nombreuses sortes de renoncules, certaines indigènes, d'autres naturalisées. Cette petite espèce naturalisée bien connue de tous, est le prototype de cette famille. C'est une plante *dressée,* ramifiée, et velue. Les pétales se chevauchent et les feuilles basales sont *profondément divisées* en 5 à 7 segments. Elle fleurit de mai à septembre dans les champs et les prairies. La **Renoncule rampante** (non illustrée), aussi naturalisée, et largement répandue, se reconnaît à ses *stolons* et aux *taches pâles* de ses feuilles.

CHÉLIDOINE MAJEURE, GRANDE ÉCLAIRE, HERBE AUX VERRUES
Famille du pavot

La Chélidoine majeure ressemble superficiellement à une Renoncule âcre mais elle appartient à la famille des pavots. Notez qu'elle a *seulement 4 pétales* (et non 5) et une *forme de feuilles* un peu différente. Plante naturalisée, elle s'est installée près des villes et à l'orée des bois humides. Elle fleurit de mars à mai. Le **Stylophore à deux feuilles** (non illustré) est une espèce indigène analogue de l'ouest des Appalaches. Ses fleurs sont plus grandes et les feuilles de la tige sont disposées *par paires.*

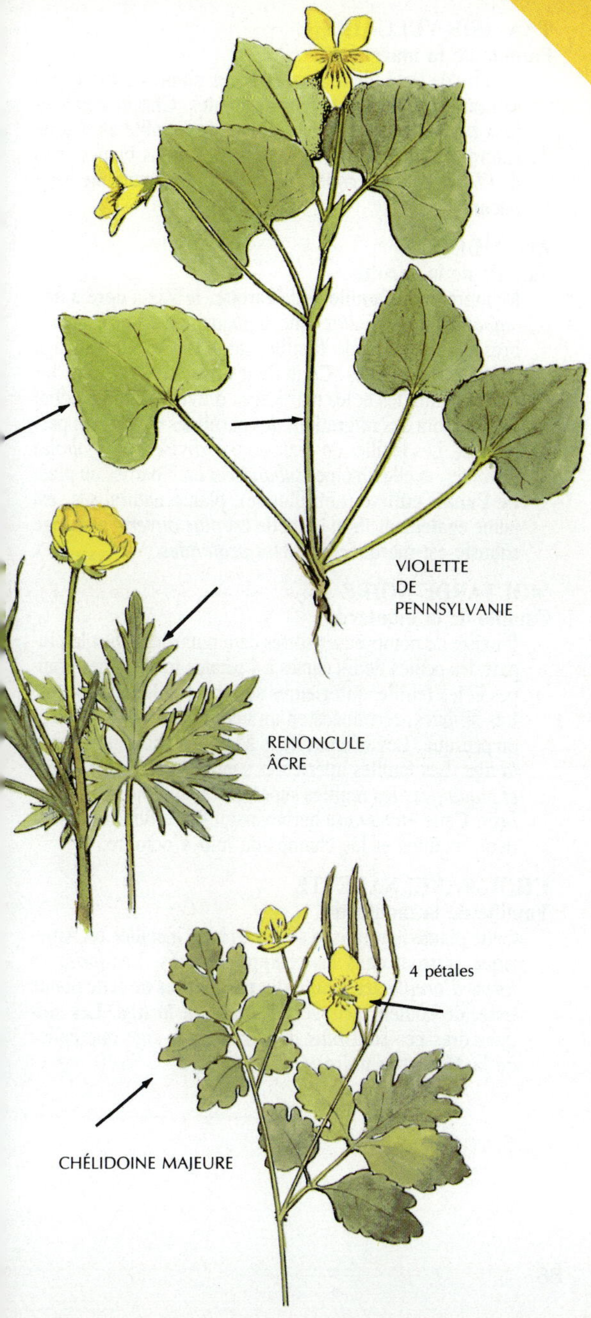
VIOLETTE
DE
PENNSYLVANIE
RENONCULE
ÂCRE
4 pétales
CHÉLIDOINE MAJEURE

TANAISIE VULGAIRE
Famille de la marguerite

À la fin de l'été, des colonies de ces plantes naturalisées saluent le promeneur le long des routes. Chacun des *boutons dorés* de ses capitules aplatis ressemble au disque central d'une marguerite mais sans rayons blancs. Les *feuilles découpées comme la fougère* dégagent une forte odeur.

ZIZIA DORÉ
Famille de la carotte

Membre de la famille de la carotte, le Zizia doré a une *ombelle jaune vif,* alors que la majorité des autres membres de cette grande famille, dont la Carotte sauvage (p. 26), sont blancs. Cette fleur dorée s'ouvre dans les fourrés humides et les marécages d'avril jusqu'au début de juin, lors des migrations des parulines et d'autres passereaux. Les feuilles du Zizia doré se divisent en *3 folioles pétiolées,* et elles-mêmes *subdivisées* en 3 parties ou plus. Le **Panais cultivé** (non illustré), plante naturalisée, est jaune également. Son ombelle est *plus ouverte* et la tige robuste est marquée de *stries profondes.*

MOUTARDE NOIRE
Famille de la moutarde

Il existe de nombreuses sortes de moutardes; chez la plupart, les petites fleurs jaunes à 4 pétales forment des grappes et les feuilles inférieures sont profondément lobées. Les siliques, terminées en un bec mince, sont dressées ou presque. Les *siliques* de la Moutarde noire *enserrent la tige.* Les feuilles inférieures sont *grossièrement lobées et piquantes;* les feuilles supérieures sont *minces* et *glabres.* Cette «mauvaise herbe» naturalisée fleurit dans les lieux incultes et les champs de juin à octobre.

CHOU-RAVE, NAVETTE
Famille de la moutarde

Cette plante naturalisée s'est très bien installée en Amérique, surtout dans les champs dégagés. Les *lobes en forme d'oreille* des feuilles les plus petites de cette plante lisse, de couleur gris-vert *embrassent la tige.* Les siliques dressées sont *plus dégagées* de la tige que celles de la Moutarde noire.

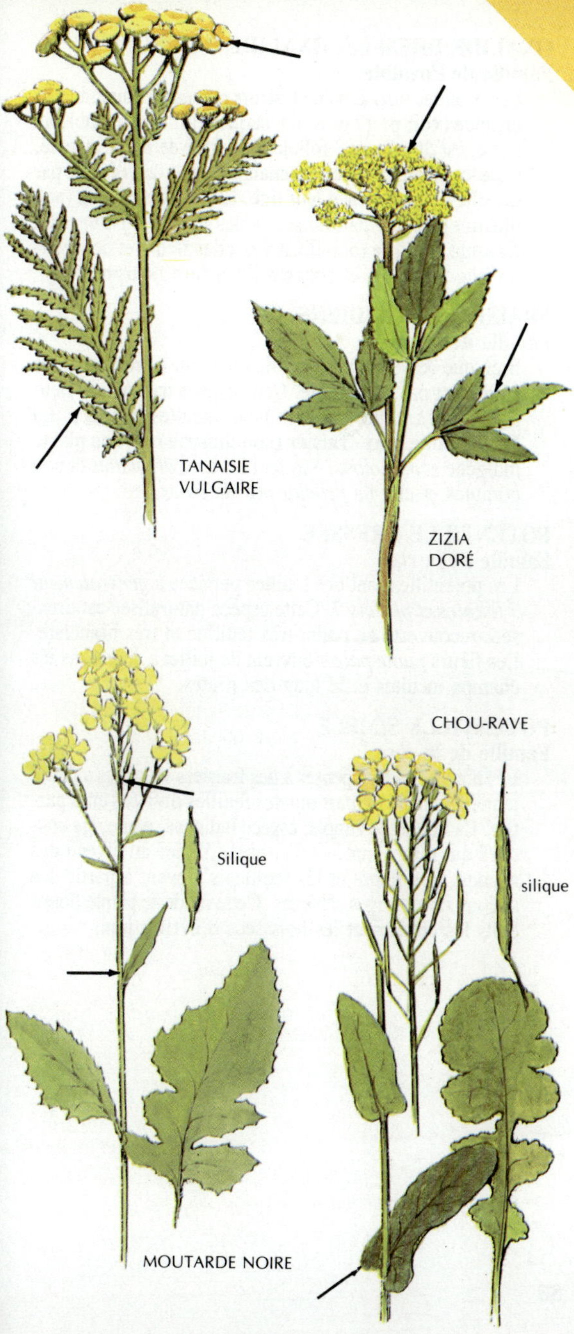
TANAISIE
VULGAIRE
ZIZIA
DORÉ
CHOU-RAVE
Silique
silique
MOUTARDE NOIRE

OXALIDE DRESSÉE, OXALIDE D'EUROPE
Famille de l'oxalide

Les oxalides viennent en plusieurs couleurs : jaune, blanc, lavande (voir p. 17 et 87). Chaque feuille, semblable au trèfle, est divisée en 3 folioles en forme de cœur inversé. Cette oxalide jaune se reconnaît à *l'angle aigu* formé par les siliques dressées et leur tige. L'**Oxalide cornue** (non illustrée), plante naturalisée, a des *tiges rampantes.* La **Grande Oxalide** (non illustrée) a des fleurs et des *feuilles plus grandes,* et souvent à bordure pourpre.

FRAISIER DES INDIENS
Famille de la rose

Bien que ressemblant superficiellement à une fraise, ce fruit n'est pas comestible. Cette espèce naturalisée fleurit d'avril à juillet dans les lieux incultes humides. La **Waldsteinie faux-fraisier** (non illustrée) est une plante indigène *sans stolons.* Ses feuilles sont *arrondies* et non pointues et elle *ne produit pas de baies.*

POTENTILLE DRESSÉE
Famille de la rose

Les potentilles, ont des feuilles pennées à *généralement 5 folioles et parfois 7.* Cette espèce naturalisée est dressée, recouverte de poils, très feuillue et très branchue. Les fleurs *jaune pâle* s'ouvrent de juillet à août dans les champs incultes et le long des routes.

POTENTILLE SIMPLE
Famille de la rose

Les potentilles font penser à des fraisiers sauvages à fleurs jaunes, mais la plupart ont des feuilles divisées en 5 parties. La Potentille simple, espèce indigène, a une *tige couchée* qui rampe sur le sol et prend racine au niveau des nœuds. Les fleurs et les feuilles s'élèvent à partir des stolons sur des tiges séparées. Cette modeste plante fleurit dans les champs et les bois secs d'avril à juin.

3 folioles
FRAISIERS
DES INDIENS
OXALIDE
DRESSÉE
POTENTILLE
DRESSÉE
5 à 7 folioles
POTENTILLE
SIMPLE
5 folioles

MÉLILOT OFFICINAL

Famille du pois

Le long des bords de routes dégagés, durant les mois d'été, une plante aux formes grêles, de 60 cm à 1,50 m, fait voir ses *grappes effilées* de petites fleurs jaunes, faisant penser à celles des pois. Lorsqu'on l'écrase, elle dégage une odeur sucrée. Une plante analogue, le **Mélilot blanc**, est illustré, p. 29. Les deux Mélilots sont des plantes naturalisées, originaires de l'Ancien Monde.

AJONC D'EUROPE

Famille du pois

Comme le Genêt à balais (voir ci-dessous), naturalisé lui aussi, l'Ajonc d'Europe a des fleurs jaunes semblables à celles des pois; mais ses branches sont différentes. L'enchevêtrement dense des petites branches armées d'*épines acérées* font de cet ajonc un arbrisseau redoutable. Échappé des cultures, l'Ajonc d'Europe pousse par endroits sur les sols sablonneux le long de la côte, du sud-est du Massachusetts jusqu'en Virginie.

CASSE FASCICULÉE

Famille du pois

Les *feuilles composées finement découpées* de cette plante basse des sols sablonneux sont légèrement sensibles au toucher. Alors que la **Casse sauvage** (non illustrée), a des feuilles plus grandes et des fleurs plus petites, la Casse fasciculée met presque toute son énergie dans ses fleurs relativement grandes à 5 pétales. Notez les *anthères sombres et tombantes* qui surplombent le pétale situé le plus bas. Une espèce plus petite, la **Casse sensible** a des feuilles semblables mais des *fleurs minuscules*.

GENÊT À BALAIS

Famille du pois

Originaire de l'Ancien Monde, le Genêt à balais fait penser à un Ajonc d'Europe (voir plus haut) *sans épines*. Ses fleurs sont semblables à celles des pois, mais il est pourvu de *petites folioles* qui bordent la tige angulaire, seules, ou par groupes de 3. Les gousses sont beaucoup plus longues que celles de l'Ajonc d'Europe. Cette plante naturalisée fleurit en mai et juin, localement en Nouvelle-Écosse, dans le Maine et plus au sud, principalement le long de la côte.

AJONC
D'EUROPE
ÉLILOT
FFICINAL
CASSE FASCICULÉE
GENÊT
À BALAIS
gousse

LIS DU CANADA
Famille du lis

Cette plante remarquable a de *grandes clochettes inclinées jaunes ou orange,* parfois *rouges.* Les feuilles forment habituellement des *verticilles* autour de la tige. Le Lis du Canada fleurit de juin à août, et chacune de ses fleurs dure de 7 à 10 jours. Il se rencontre dans les prairies humides, les tourbières et les clairières ensoleillées.

LIS DE PHILADELPHIE
Famille du lis

Contrairement à la plupart des autres lis tachetés, dont la fleur est inclinée, le Lis de Philadelphie *dresse* vers le ciel sa corolle orange ou écarlate. Les feuilles de la forme de l'Est sont disposées en verticilles autour de la tige; celles de la forme du Centre-Ouest sont dispersées le long de la tige. Cherchez ce lis tôt à l'été sur les sols sablonneux ou acides des prairies et dans les clairières. L'Hémérocalle fauve (plante suivante) a aussi des fleurs orientées vers le haut mais elle n'est *pas tachetée;* ses feuilles ressemblent à une épée.

HÉMÉROCALLE FAUVE, LIS D'UN JOUR
Famille du lis

Ce lis spectaculaire, originaire d'Asie, s'est échappé de nos jardins et poussent maintenant au bord des routes et des rivières, où l'on peut admirer ses grandes fleurs orange, *orientées vers le haut.* Elles s'ouvrent de juin à août et sont *dépourvues des taches* que présentent les lis indigènes; comme son nom populaire l'indique, elles ne s'épanouissent que pour une journée. Les feuilles sont *longues* et *en forme d'épée.*

LIS SUPERBE
Famille de lis

Ce remarquable lis indigène se distingue du Lis du Canada (habituellement plus jaune) par ses pétales plus grands, *entièrement recourbés* pour former un «turban». Notez l'*étoile verte au centre* et les *étamines très longues et saillantes.* Haut de 90 cm à 2,40 m, ce lis fleurit dans les prairies et sur les sols humides en juillet et août.

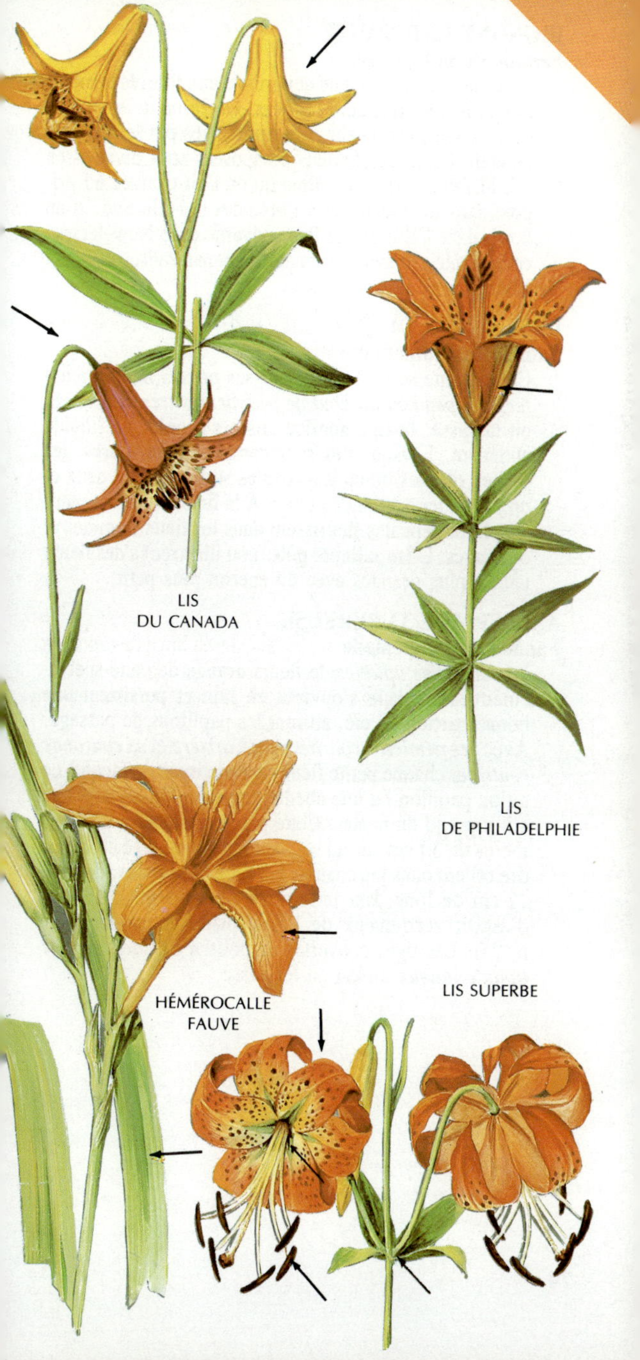
LIS
DU CANADA
LIS
DE PHILADELPHIE
HÉMÉROCALLE
FAUVE
LIS SUPERBE

BIGNONE RADICANTE
Famille de la bignone

Cette spectaculaire vigne qui grimpe aux fourrés et même aux arbres a des fleurs renflées, *en forme de trompette* de 7 cm de profondeur, très appréciées par les colibris pendant l'été. Les feuilles composées sont divisées en 7 à 11 *folioles dentées.* Bien qu'on l'ait trouvée à l'origine dans les fourrés et à l'orée des bois du Sud, et au nord, dans l'Illinois, la Pennsylvanie et le New-Jersey, cette plante grimpante est maintenant naturalisée jusqu'au Michigan et au Connecticut.

IMPATIENTE DU CAP
Famille de l'impatiente

Cette plante se caractérise par ses *petites fleurs tachetées* qui *pendent au bout de pédoncules très minces.* Si on la casse, la tige gonflée laisse s'écouler un liquide abondant. Lorsqu'elles sont complètement mûres, les petites siliques tubulaires, ovales se fendent en deux et *projettent* leurs graines au loin. À la fin de l'été, ces plantes plutôt délicates fleurissent dans les lieux humides et ombragés. L'**Impatiente pâle** (non illustrée) a des fleurs jaunes plus grandes avec un éperon plus petit.

ASCLÉPIADE TUBÉREUSE
Famille de l'asclépiade

Les *ombelles aplaties* de fleurs orange de cette spectaculaire asclépiade s'ouvrent en juin et persistent une bonne partie de l'été, attirant les papillons de passage. Avec ses *pétales recourbés vers l'arrière* et sa *couronne centrale,* chaque petite fleur est constituée de façon à ce qu'un papillon ou une abeille doive polliniser la plante s'il y prend du nectar. Cette plante variable peut avoir moins de 30 cm sur un sol sablonneux dégagé et atteindre 60 cm dans les champs herbeux. Les *fruits,* de 10 à 12 cm de long, ont une forme plus *fuselée* que ceux d'aspect verruqueux de l'Asclépiade commune (voir p. 95). Les tiges couvertes de poils *n'exsudent pas de liquide laiteux* lorsqu'on les casse.

BIGNONE
RADICANTE

IMPATIENTE
DU CAP

ASCLÉPIADE
TUBÉREUSE

TRILLE DRESSÉ
Famille du lis

Chez les Trilles, *toutes les parties* — feuilles, pétales, sépales — sont *groupées par 3.* Chez le Trille dressé, la *fleur, rouge foncé ou marron,* est portée par un *court pédoncule* au-dessus des larges feuilles. C'est une des fleurs qui donne tant d'éclat au printemps dans les bois riches du Nord-Est et des Appalaches. Le Trille dressé peut parfois adopter d'autres teintes: rose, saumon, verdâtre, ou blanc.

TRILLE ONDULÉ
Famille du lis

Ce charmant petit trille présente une *tache cramoisie* à la base de ses pétales blancs onduleux. Il fleurit d'avril jusqu'au début de juin et il préfère les bois et tourbières acides plutôt que les bois plus riches appréciés par les Trilles à grandes fleurs et les Trilles dressés.

CYPRIPÈDE ACAULE, SABOT DE LA VIERGE
Famille de l'orchidée

Le sac, ou «sabot», *fortement veiné, profondément fendu* de la fleur est habituellement rose pourpre mais il peut être blanc. Notez les *2 larges feuilles basales* qui sont à l'origine du qualificatif «acaule» qui signifie «dépourvu de tige». Cette orchidée sauvage habite les bois et les tourbières acides et y fleurit en mai et juin. Il faut éviter de la cueillir car cette plante demande beaucoup trop de temps pour se régénérer et, comme bien d'autres orchidées, elle est en voie de disparition en de nombreux endroits.

CYPRIPÈDE ROYAL
Famille de l'orchidée

C'est la plus grande et la plus belle orchidée en Amérique du Nord et c'est la préférée de beaucoup de gens. Les sépales et les pétales blancs forment un contraste frappant avec la *frange rose du sabot.* Les grandes feuilles *s'échelonnent* le long de la tige robuste et recouverte de poils. Le Cypripède royal fleurit en juin et juillet dans les tourbières acides et les bois humides du Canada, des États américains frontaliers et, vers le sud, par endroits, dans les montagnes. Il faut éviter de le cueillir.

TRILLE
DRESSÉ
TRILLE
ONDULÉ
CYPRIPÈDE
ROYAL
CYPRIPÈDE
ACAULE

ANCOLIE DU CANADA, GANTS DE NOTRE-DAME
Famille du bouton d'or

Cette *fleur inclinée rouge et jaune,* possède 5 *éperons creux* pointant vers le haut et des étamines jaunes pointant vers le bas; ainsi tout insecte à longue trompe ou tout colibri, au bec effilé cherchant à cueillir du nectar doit se présenter sous la fleur. Les feuilles sont divisées et subdivisées en 3 parties. Cette fleur sauvage s'ouvre d'avril à juillet dans les bois et rivages rocheux.

LOBÉLIE DU CARDINAL
Famille de la lobélie

Vers le milieu de l'été, un *épi élancé* de fleurs d'un rouge écarlate intense, s'élevant de 60 cm à 1,20 m de haut capte notre attention le long des ruisseaux et dans les lieux humides et marécageux. Notez la *disposition des pétales et des éperons* sur l'illustration. Comme on peut s'en douter à son aspect et à sa couleur, la fleur de la Lobélie du cardinal est une des préférées des colibris.

MONARDE ÉCARLATE, THÉ D'OSWEGO
Famille de la menthe

Le regroupement des fleurs tubulaires forme un *pompon écarlate.* Les feuilles sont disposées par paires le long d'une tige carrée. Trouvée à l'origine dans le Michigan, l'État de New-York et au sud, dans les Appalaches, la Monarde écarlate fut transplantée dans les jardins de la Nouvelle-Angleterre d'où elle s'est échappée et a colonisé de nouveaux endroits. Les fleurs, qui s'ouvrent de juillet à septembre, sont parmi les préférées des colibris, tout comme certaines autres fleurs écarlates à longs éperons ou à corolles allongées. Jadis, les Indiens Oswego utilisaient ses feuilles pour faire du thé.

MONARDE FISTULEUSE
Famille de la menthe

La Monarde fistuleuse fleurit en juillet et août en formant de grandes taches colorées dans les fourrés et les clairières, notamment dans les Appalaches. Ses *pompons pâles, bleu lavande* ont la forme de ceux de la Monarde écarlate. La **Monarde pourpre** a des fleurs *rouge pourpre* et des bractées pourprées. Elle est souvent cultivée.

ANCOLIE DU CANADA
MONARDE ÉCARLATE
LOBÉLIE DU CARDINAL
MONARDE FISFULEUSE
MONARDE POURPRE

ROSIER DE CAROLINE

Famille de la rose

Il existe de nombreuses sortes de rosiers sauvages, dont 20 poussent dans l'aire décrite dans ce guide. On peut identifier l'attirant Rosier de Caroline par ses *épines minces et droites;* chez la plupart des autres rosiers, les épines sont incurvées ou munies de crochets. Le Rosier de Caroline fleurit en juin ou juillet dans les pâturages sablonneux ou rocailleux et dans les bois dégagés.

KETMIE DES MARAIS

Famille de la mauve

À la fin de l'été s'ouvre la plus spectaculaire des fleurs des marais côtiers. La Ketmie des marais est sans égale, avec ses *grandes fleurs roses semblables aux roses trémières.* Comme les autres mauves, elle a un *style central long* avec 5 stigmates arrondis au sommet. Haute de 1,50 à 2,10 m, elle domine les roseaux dans les marais saumâtres ou salés le long de la côte, depuis le sud de la Nouvelle-Angleterre jusqu'en Caroline du Nord et, localement, dans quelques marais d'eau douce autour des Grands Lacs.

MAUVE MUSQUÉE

Famille de la mauve

Cette petite mauve lavande rosée, peut se reconnaître à ses pétales échancrés et ses feuilles divisées de façon complexe. Elle possède une colonne staminale, c'est-à-dire une colonne centrale d'étamines. Originaire de l'Ancien Monde, elle s'est répandue le long des routes et des champs et dans les terrains vagues où elle fleurit de juin à septembre.

GÉRANIUM MACULÉ

Famille du géranium

Cette fleur que l'on aime tant voir au printemps s'ouvre d'avril à juin dans les bois dégagés et sur les bords de routes ombragés. Les feuilles, recouvertes de poils, sont *profondément divisées* en 5 parties. La fleur, avec ses 5 pétales ressemblant à ceux d'une rose, a en son centre *un long bec.* Plusieurs membres moins voyants de cette famille des géraniums peuvent être identifiés à ce bec mince.

ROSIER
DE CAROLINE
KETMIE
DES MARAIS
MAUVE
MUSQUÉE
GÉRANIUM
MACULÉ

LIATRIS À ÉPIS

Famille de la marguerite

Les liatris poussent dans les endroits dégagés, généralement dans les prairies. Il en existe 18 espèces dans l'aire décrite dans ce guide; nous n'en illustrons qu'une ici. Les liatris poussent en *épis denses* dont les capitules de fleurs rose-pourpre sont portés par des bractées écailleuses. La Liatris à épis est généralement glabre et ses nombreux capitules sont sessiles, et *groupés de façon serrée.* Ses bractées sont longues, arrondies, collantes et colorées, ou bordées de pourpre. La fleur peut s'observer de juillet à septembre.

SPIRÉE TOMENTEUSE

Famille de la rose

Avec la *forme conique* de son inflorescence rouge-magenta, cet arbuste ligneux a l'air d'un clocher. Les fleurs minuscules, à 5 pétales s'ouvrent en juillet et août, en commençant au sommet de la plante. Les feuilles, au dessous *brun* et *laineux,* sont caractéristiques. La Spirée tomenteuse pousse par endroits au bord des prairies et des pâturages.

SALICAIRE

Famille de la salicaire

Cette plante, originaire d'Europe, tapisse de rouge violacé plusieurs de nos prairies marécageuses durant l'été. Les petites fleurs à *6 pétales* forment des *épis minces.* Les feuilles duveteuses qui embrassent la tige sont généralement disposées par paires de feuilles opposées mais elles peuvent aussi se grouper par 3. Cette plante naturalisée enjolive maintenant les prairies humides et le bord des marais, du sud du Canada jusqu'au centre des États-Unis.

DESMODIE DU CANADA

Famille du pois

Les desmodies ont des feuilles à *3 parties,* comme le trèfle, mais de formes variables. Les gousses *collantes*, formées de plusieurs segments, *adhèrent* aux vêtements. Les fleurs rose-pourpre *en forme de pois,* forment de longues grappes au sommet des tiges feuillues pubescentes. La Desmodie du Canada, l'espèce la plus voyante, fleurit en juillet et août à l'orée des bois et dans les taillis.

DESMODIE
DU CANADA
LIATRIS
À ÉPIS
bractées
écailleuses
(détail)
6 pétales
SALICAIRE
SPIRÉE TOMENTEUSE

PHLOX PANICULÉ
Famille du phlox

Ce phlox cultivé bien connu ne fleurit généralement pas avant le milieu de l'été. Il se distingue de la Julienne des dames, qui lui ressemble un peu, par ses *5 pétales arrondis* et le *long tube de sa corolle.* Ce phlox indigène poussait à l'origine dans les bois et les taillis de l'Iowa, du centre de l'État de New-York et plus au sud. Planté dans les jardins, il s'est échappé et pousse maintenant à l'état sauvage en certains endroits.

JULIENNE DES DAMES
Famille de la moutarde

Cette jolie plante échappée des jardins est d'origine européenne et ressemble au Phlox paniculé. Notez cependant qu'elle a *4 pétales* (et non 5) et que ses *siliques pointent vers le haut.* Ces deux caractéristiques indiquent que la Julienne des dames appartient à la famille de la moutarde. Ses fleurs, roses, pourpres ou blanches, s'ouvrent en mai et juin, avant le Phlox paniculé.

ÉPILOBE HIRSUTE
Famille de l'onagre

Cette superbe plante naturalisée ressemble à sa parente indigène, l'Épilobe à feuilles étroites (ci-dessous), mais la plupart de ses feuilles sont groupées par paires et *fortement dentées;* de plus, elle est *recouverte de poils* et ses *pétales* sont plus profondément *échancrés.* Elle fleurit pendant la seconde moitié de l'été, le long des cours d'eau et des fossés.

ÉPILOBE À FEUILLES ÉTROITES
Famille de l'onagre

Ses longues grappes de fleurs d'un rose magenta ornent les clairières et les pentes des hautes terres depuis la zone subarctique jusqu'aux montagnes de la Georgie. Dans les brûlis, cette plante est une des premières à couvrir la terre calcinée avec une profusion de fleurs. Ses fleurs ont *4 pétales ronds* qui s'ouvrent progressivement à partir du bas de la grappe. Les bourgeons du sommet pendent vers le bas; les *capsules pointent vers le haut.*

4 pétales
5 pétales
JULIENNE DES DAMES
ÉPILOBE À FEUILLES ÉTROITES
PHLOX PANICULÉ
4 pétales
ÉPILOBE HIRSUTE

HÉPATIQUES
Famille du bouton d'or

Parmi les fleurs hâtives, les hépatiques sont les préférées. Les fleurs lumineuses surmontent une tige garnie de poils et haute de 10 à 18 cm; elles peuvent être blanches, roses, lavande ou bleues. Les *6 à 10 «pétales»*, en fait, des sépales, sont portées par 3 bractées poilues. Les hépatiques se présentent sous 2 formes: l'**Hépatique d'Amérique** (illustrée ici) aux feuilles à lobes *arrondis;* l'**Hépatique acutilobée** (non illustrée) dont les lobes sont *pointus*. Toutes deux poussent dans les bois feuillus et fleurissent en mars et avril avant la frondaison, mais l'Hépatique acutilobée préfère les milieux plus élevés.

OXALIDE DE MONTAGNE
Famille de l'oxalide

Les Oxalides *(Oxalis)* ont, *comme le trèfle,* des feuilles divisées en 3 folioles cordées. Chez cette espèce, les 5 pétales blancs ou roses sont *fortement veinés de rose.* Atteignant à peine 8 à 10 cm, l'Oxalide de montagne pare le sous-bois de ses fleurs en juin et juillet, au Canada, dans le nord des États-Unis et, plus au sud, dans les Appalaches.

CLAYTONIE DE CAROLINE
Famille du pourpier

Cette petite fleur printanière des bois ressemble à la Claytonie de Virginie (voir plus bas et p. 19). Par contre ses *feuilles* sont plus larges et *en forme d'aviron.* Malgré son nom, on la trouve dans les Appalaches et vers le nord jusque dans le Sud du Canada et plus à l'ouest.

CLAYTONIE DE VIRGINIE
Famille du pourpier

Cette magnifique hôtesse des bois a des pétales blancs ou roses, veinés de rose plus foncé. On l'identifie par la paire de *feuilles* lisses et *étroites,* au milieu de la tige. Elle fleurit de mars à mai dans les bois et les lieux élevés; elle ne peut être confondue qu'avec la Claytonie de Caroline (voir plus haut et p. 19).

OXALIDE
DE MONTAGNE
HÉPATIQUE
D'AMÉRIQUE
LAYTONIE
CAROLINE
CLAYTONIE
DE VIRGINIE

POLYGALA PAUCIFOLIÉ
Famille du polygala

Les *feuilles* plutôt *ovales, persistantes* font penser au thé des bois. Les fleurs évoquent de façon étonnante de petites orchidées avec leurs deux *« ailes » étendues, rose-pourpre,* qui sont en fait des sépales. Les véritables pétales sont soudés et forment un tube surmonté d'une *frange touffue.* La tige florale, haute de 8 à 20 cm, s'élève à partir d'une tige souterraine couchée. Le Polygala paucifolié fleurit en mai et juin dans les bois du Canada, du nord-est des États-Unis et, vers le sud, dans les Appalaches.

LINNÉE BORÉALE
Famille du chèvrefeuille

Cette délicate plante rampante des bois fait monter au ciel ses *paires de petites clochettes* odorantes, *inclinées* au bout de tiges de 8 à 15 cm. Groupées près de la base du pédoncule, les feuilles sont petites et arrondies. Elle fleurit de juin à août pousse dans les bois frais du Canada et, vers le sud, dans les États voisins des Grands Lacs et les montagnes de la Virginie de l'Ouest.

ÉPIGÉE RAMPANTE, FLEUR DE MAI
Famille du bleuet

Les *feuilles ovales et coriaces* de cette plante basse, rampante, des bois restent vertes tout l'hiver et on peut les déceler au milieu du tapis brun des feuilles mortes où s'enracinent leurs tiges rampantes et velues. L'Épigée rampante est l'une des premières plantes à fleurir au printemps, de mars à mai. Les inflorescences de petites fleurs blanches ou roses sortent d'un tube court à 5 lobes étalés. Véritable messagère du printemps, elle se rencontre sur les sols sablonneux ou acides des forêts et des petits boisés du Canada et, plus au sud, à travers l'Est des États-Unis.

POLYGALA PAUCIFOLIÉ

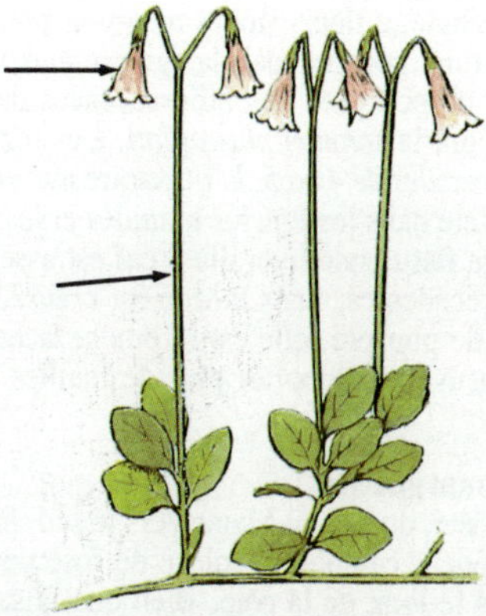

LINNÉE BORÉALE

EPIGÉE
RAMPANTE

EUPATOIRE POURPRE
Famille de la marguerite

Les fleurs floues, rose pâle forment une inflorescence dense, plus ou moins en forme de dôme. La tige, habituellement *verte* avec un léger velouté blanchâtre, est *pourprée ou noirâtre* au point d'attache des feuilles. Disposées en *verticilles de 3 ou 4,* les feuilles dégagent une odeur de vanille lorsqu'on les écrase. L'Eupatoire pourpre croît dans les taillis et dans les bois et fleurit dans presque tout l'est de l'Amérique du Nord vers la fin de l'été. Il existe plusieurs autres espèces d'Eupatoires (voir plus bas).

EUPATOIRE MACULÉE
Famille de la marguerite

Cette jolie plante, à fleurs floues rose-pourpre, ressemble à l'Eupatoire pourpre mais la tige est *pourpre foncé*, ou *tachetée* de pourpre. Les inflorescences de couleur plus foncée ont le *sommet plus aplati.* Les feuilles forment des *verticilles de 4 ou 5.* L'Eupatoire maculée fleurit à la fin de l'été dans les fourrés humides et les prairies. L'**Eupatoire fistuleuse** (non illustrée) est assez proche des deux précédentes, mais la tige est *creuse,* et, bien que teintée de pourpre, elle est rarement tachetée. Les verticilles peuvent comporter plus de feuilles (4 à 7).

PLUCHÉE
Famille de la marguerite

À la fin de l'été, du sud du Maine vers le sud, une plante collante, à odeur camphrée, colore de rose pourpre les marais salés le long de la côte. Bien que faisant partie des Composées ou famille de la marguerite, elle *n'a pas de rayons en forme de pétales* autour de ses capitules poussant en *inflorescences terminales plus ou moins aplaties.* Les feuilles alternes sont légèrement dentées. Plante essentiellement côtière, la Pluchée se rencontre rarement à l'intérieur des terres.

EUPATOIRE
POURPRE
EUPATOIRE
MACULÉE
PLUCHÉE

POLYGALA DES MARAIS

Famille du polygala

Les *têtes oblongues,* formées de fleurs *serrées,* rouge pourpre ou blanc verdâtre, font penser au trèfle, mais les feuilles étroites sont différentes ; disposées en *verticilles de 4*, elles *forment des croix* autour de la tige. Cette plante de petite taille (de 10 à 25 cm) fleurit de juillet à octobre sur les sols sablonneux, dans les tourbières acides, dans les forêts de conifères, au bord des marais, le long de la côte, du Maine et vers le sud, et localement, à l'intérieur des terres, dans le Minnesota, l'Ohio et plus au sud.

TRÈFLE DES PRÉS, TRÈFLE ROUGE

Famille du pois

Le Trèfle des prés, que tous connaissent, est originaire, d'Europe mais il a rapidement adopté nos champs et nos bords de routes. Chaque foliole de la feuille en 3 parties présente un *chevron* pâle. Le Trèfle des prés fleurit depuis mai jusqu'à la fin de l'été. Le **Trèfle moyen** (non illustré) est semblable au Trèfle des prés mais ses fleurs sont *plus foncées* et ses folioles étroites sont *dépourvues* de chevrons. La tige est souvent sinueuse. Le **Trèfle des champs** (non illustré) est un trèfle moins grand, ses feuilles sont petites et soyeuses et ses têtes plutôt floues sont d'un rose grisâtre. Cette plante naturalisée pousse le long des routes et dans les lieux incultes dans toute l'aire étudiée dans ce guide.

GÉRARDIE POURPRE

Famille de la linaire

Les gérardies possèdent des *fleurs rose-pourpre en forme de clochettes et disposées par paires* à l'aisselle des feuilles supérieures. Il en existe 18 sortes dans l'aire étudiée dans ce guide et pour différencier certaines d'entre elles, le botaniste doit posséder de bonnes connaissances techniques. La Gérardie illustrée ici, la plus grande, a des fleurs duveteuses sur un des *pédoncules très courts.* Elle fleurit à la fin de l'été (août à septembre) sur les sols détrempés et acides ainsi que dans les prairies humides, au Minnesota, dans le sud du Michigan, en Ohio, dans l'État de New-York, et dans le sud de la Nouvelle-Angleterre.

POLYGALA
DES
MARAIS

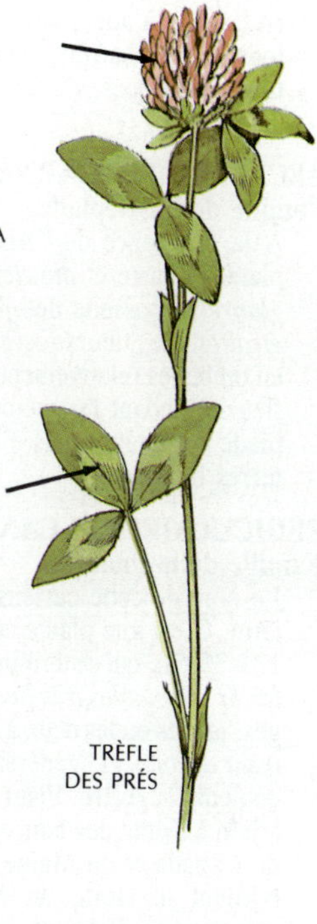

TRÈFLE
DES PRÉS

GÉRARDIE
POURPRE

ASCLÉPIADE COMMUNE, PETITS COCHONS

Famille de l'asclépiade

La *forme très particulière de la fleur,* les *follicules* (fruits) *longs et pointus* et le *liquide laiteux* qui s'écoule des tiges et des feuilles brisées sont caractéristiques des asclépiades. L'Asclépiade commune peut être distinguée des diverses autres asclépiades par l'aspect *verruqueux* de ses follicules gris-vert. Les ombelles de fleurs, situées principalement à l'aisselle des feuilles, ont des nuances subtiles de gris-rose et de lavande. Cette espèce préfère les sols secs des bords de routes et des champs, où elle fleurit de juin à août ; elle attire alors de nombreux papillons. Le Monarque, dont les larves se nourrissent des feuilles toxiques, s'immunise ainsi contre les oiseaux prédateurs.

ASCLÉPIADE INCARNATE

Famille de l'asclépiade

À la différence de l'Asclépiade commune qui est une plante robuste et *duveteuse,* l'Asclépiade incarnate est *glabre* et possède des *feuilles lancéolées* relativement *étroites.* Les fleurs roses, moins grandes, sont groupées en ombelles relativement petites. L'Asclépiade incarnate fleurit pendant les mêmes semaines d'été que l'Asclépiade commune mais elle préfère les marécages et les terres humides.

PÉDICULAIRE DU CANADA

Famille de la linaire

Le nom de cette curieuse fleur vient du mot «pou» en latin. C'est une plante courte, garnie de poils, haute de 12 à 35 cm, qui se termine par un *verticille de fleurs tubulaires semblables à la linaire.* Les fleurs peuvent être rouges, jaunes ou les deux à la fois. Les *feuilles minces, finement découpées,* généralement basales, sont souvent de couleur rougeâtre. Fleur printanière, elle s'ouvre d'avril à juin à l'orée des bois et dans les clairières dans le Sud du Canada et du Maine et plus au sud jusqu'aux États bordant le Golfe du Mexique. Selon une ancienne croyance des fermiers, ces plantes occasionnaient la multiplication des poux chez les vaches ou les moutons qui la broutaient.

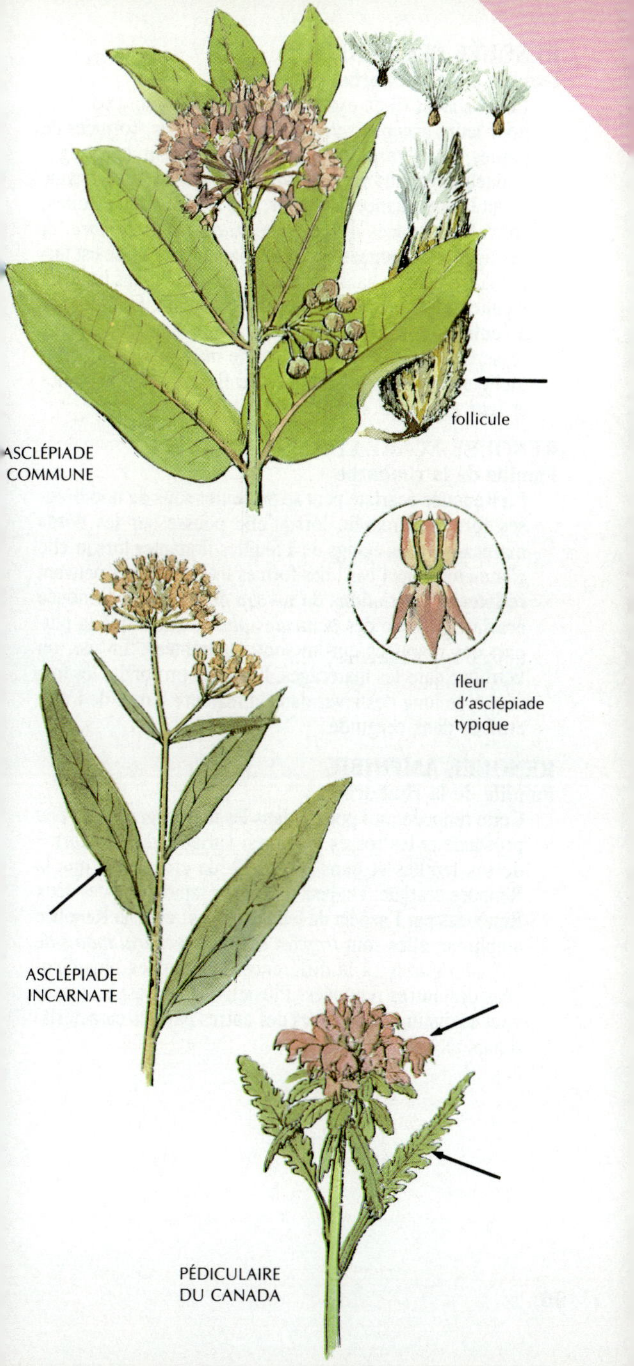
follicule
ASCLÉPIADE
COMMUNE
fleur
d'asclépiade
typique
ASCLÉPIADE
INCARNATE
PÉDICULAIRE
DU CANADA

RENOUÉE PERSICAIRE

Famille de la rhubarbe

Les renouées (il en existe plusieurs sortes) sont connues pour leurs *grappes serrées en forme d'épis,* formées de petites fleurs roses ou blanchâtres, et pour leurs tiges «noueuses» pourvues, à chaque articulation, d'une gaine ayant la consistance du papier. Ses feuilles sont étroites, souvent marquées d'une *tache triangulaire sombre,* et ses tiges sont rougeâtres. Cette plante naturalisée est largement répandue dans les terres cultivées et dans les lieux incultes de toute l'aire étudiée dans ce guide. **La Renouée à feuilles de Patience** (non illustrée), plante indigène, ressemble à la Renouée persicaire mais la tige est habituellement *verte;* les grappes de fleurs sont plus pâles et *leur extrémité est inclinée.*

RENOUÉE ÉCARLATE

Famille de la rhubarbe

La Renouée écarlate peut se présenter sous de nombreuses formes: dressée, lorsqu'elle pousse sur les bords marécageux des étangs ou à feuilles flottantes lorsqu'elle s'enracine dans l'eau; des formes intermédiaires peuvent refléter des variations du niveau de l'eau. La Renouée écarlate possède des *panicules plus longues* que la plupart des renouées qui lui sont apparentées. En été, on la trouve dans les marécages, l'eau peu profonde, les fossés, et le long des rives dans la majeure partie de l'aire étudiée dans ce guide.

RENOUÉE AMPHIBIE

Famille de la rhubarbe

Cette renouée, qui pousse dans les marécages, l'eau peu profonde et les fossés, est aussi variable dans la forme de ses feuilles et dans son mode de croissance que la Renouée écarlate. On peut distinguer rapidement ces deux Renouées par l'aspect de leurs grappes; chez la Renouée amphibie, elles sont *trapues* et ont *en général moins de 2,5 cm de long,* à la différence des grappes plus élancées des autres renouées. Plusieurs autres espèces peuvent se distinguer les unes des autres par des caractéristiques techniques.

RENOUÉE
PERSICAIRE
RENOUÉE
ÉCARLATE
forme terrestre
RENOUÉ
AMPHIBIE
forme terrestre
forme aquatique

CARDÈRE SYLVESTRE

Famille du cardère

Cette plante curieuse ressemble à une *pelote d'épingles ovoïde* juchée au sommet d'une tige piquante. Les minuscules fleurs lavande se serrent entre les épines du capitule. Les *feuilles, minces, groupées par paires,* embrassent la tige. Les capitules séchés, qui restent sur leur pédoncule tout au long de l'hiver, sont parfois utilisés pour décorer les maisons. Cette plante naturalisée, qui fleurit de juillet à octobre, pousse par endroits le long des routes et dans les lieux incultes dans le Michigan, l'Ontario, l'Ouest de la Nouvelle-Angleterre et plus au sud.

CENTAURÉE MACULÉE

Famille de la marguerite

Bien que leurs capitules ressemblent à ceux des chardons, les centaurées n'ont *ni piquants ni épines.* La Centaurée maculée — espèce la plus commune et la plus répandue -peut être rose, pourpre ou blanche. Les *bractées* des fleurs qui soutiennent les capitules ont l'*extrémité noire, triangulaire et frangée.* La majorité des centaurées sont naturalisées; la Centaurée maculée borde les routes et la lisière des champs en de nombreux endroits en Amérique du Nord où elle fleurit de juin à août.

BARDANE MINEURE

Famille de la marguerite

Tôt ou tard, tout le monde finit par bien connaître cette plante qui ressemble au chardon avec ses capitules épineux («piquants») qui s'accrochent fermement aux vêtements. Ces *capitules arrondis* portent de petites fleurs lavande qui s'ouvrent de juillet à octobre. Les feuilles inférieures sont grandes, pourvues de pétioles creux. Plante naturalisée, elle abonde le long des routes et dans les lieux incultes. Une espèce plus grande, la **Bardane majeure** (non illustrée) possède des capitules beaucoup plus gros portés par de *longs pédoncules.*

CARDÈRE SYLVESTRE

CENTAURÉE MACULÉE

BARDANE MINEURE

CHARDON MUTIQUE
Famille de la marguerite

Il existe de nombreuses sortes de chardons, dont certains possèdent plus de piquants ou d'épines que d'autres. Le Chardon mutique fleurit de juillet à septembre dans les marécages, les bois humides, les fourrés. Sa *tige creuse* est *dépourvue de piquants,* tout comme l'extrémité de ses bractées; ces dernières, par contre, sont *collantes.* Les feuilles profondément incisées vers la base forment une rosette. Bien qu'habituellement pourprées, les fleurs peuvent être blanches.

CHARDON VULGAIRE
Famille de la marguerite

Si l'on voit un chardon présentant un *grand capitule* arrondi, on se trouve très probablement devant un Chardon vulgaire, plante naturalisée voyante que l'on rencontre souvent dans les champs et le long des routes. Pour confirmer l'identification, il faut observer les *piquants* à bout jaune des bractées qui soutiennent le capitule. Les feuilles épineuses sont pâles ou laineuses dessous. Les belles fleurs pourpre rougeâtre s'ouvrent de juin à septembre. Le **Chardon des pâturages** (non illustré) est une plante indigène encore plus grande que le Chardon vulgaire. Ses *tiges très pubescentes* sont *dépourvues des feuilles épineuses formant une aile* chez l'autre espèce, et les piquants sur les feuilles sont très longs.

CHARDON DES CHAMPS
Famille de la marguerite

Ce petit *chardon à plusieurs capitules* est indigène en Europe et connu sous le nom Cirse des champs. Les capitules sont *petits*; ils ont à peine plus de 1 cm de diamètre. Ils sont habituellement lilas pâle et rarement ils peuvent être blancs. Ce chardon, le plus commun et le plus répandu en Amérique du Nord, fleurit dans les champs, dans les pâturages et sur les bords des routes de juillet à septembre.

CHARDON MUTIQUE
CHARDON VULGAIRE
CHARDON DES CHAMPS

ASTER DE LA NOUVELLE-ANGLETERRE

Famille de la marguerite

De nos nombreuses sortes d'asters qui fleurissent à la fin de l'été et en automne, celle-ci est la plus voyante. À certains endroits, surtout autour des Grands Lacs, le bord des routes et les prairies sont littéralement empourprés par des colonies de ces jolies fleurs qu'on cultive souvent sous diverses formes horticoles dont la couleur varie du bleu pourpré au rouge violacé. Les nombreuses *feuilles non dentées embrassent la tige garnie de poils.* Elle fleurit d'août à octobre et embellit la campagne du sud du Canada jusqu'aux hautes terres des Carolines. Lorsque le Monarque migre vers le sud, il étanche souvent sa soif avec le nectar de cette fleur.

ASTER DE LA NOUVELLE-BELGIQUE

Famille de la marguerite

Il existe plusieurs sortes d'asters dont les couleurs vont du bleu au violet. Ces asters peuvent se diviser en deux catégories selon que les *feuilles embrassent ou non la tige*. Celui-ci a des *feuilles étroitement lancéolées* qui ne sont pas très embrassantes et peuvent être dentées ou non. Les fleurs sont d'un violet profond, semblable à celui des fleurs de l'Aster de la Nouvelle-Angleterre, mais la tige est *glabre* ou *légèrement poilue.* L'Aster de la Nouvelle-Belgique fleurit à la fin de l'été et en automne dans les prairies humides et sur les rives, surtout le long du littoral.

ASTER À GRANDES FEUILLES

Famille de la marguerite

Notez les *très grandes feuilles basales,* de 10 à 20 cm de large ; les feuilles supérieures sont petites. Les rayons floraux sont violets (ou blancs) et le disque central devient rougeâtre à mesure que la saison avance. Les rameaux floraux sont plutôt *collants.* Cet aster pousse dans les bois et les clairières dans le Minnesota, les provinces maritimes du Canada et vers le sud, dans les États des Grands Lacs et dans les montagnes jusqu'en Caroline du Nord.

ASTER
DE LA
NOUVELLE-BELGIQUE
ASTER
DE LA
NOUVELLE-ANGLETERRE
ASTER
À GRANDES
FEUILLES

LAITUE BISANNUELLE
Famille de la marguerite

Il existe plusieurs sortes de laitue sauvage qui, avec leur grande taille, sont loin de ressembler à la laitue des jardins, de plus petite taille. Certaines sont bleues, d'autres jaunes, ou encore blanches. Les fleurs, petites, en *panicules lâches* ressemblent à celles des asters mais les feuilles ressemblent plus au pissenlit. Les nombreuses espèces bleues varient dans la *forme des feuilles* et d'autres caractères de façon assez importante. Elles peuvent être plus hautes qu'un homme atteignant de 1,80 m à 3 m. On rencontre ces plantes de *grande taille, élancées* dans les fourrés humides ou le long des routes ombragées à la fin de l'été et au début de l'automne.

CHICORÉE
Famille de la marguerite

Cette plante naturalisée, qui pousse si communément sur le sol stérile des accotements routiers, est beaucoup trop jolie pour être considérée comme «mauvaise herbe». Les fleurs, bleu clair, qui s'attachent directement à la tige presque nue, se fanent et abandonnent leurs charmes vers midi. On observe à la base de la tige mince des feuilles ressemblant à celles du pissenlit. La chicorée fleurit de juin à octobre, et, bien qu'elle soit habituellement bleue, elle peut souvent être blanche et, rarement, rose.

VERGERETTE PRINTANIÈRE
Famille de la marguerite

La Vergerette printanière fleurit au printemps, d'avril à juin et elle fait partie du groupe des érigérons (voir aussi p. 38). À première vue, elle ressemble à un aster, mais on ne peut la confondre avec eux, car les asters ne fleurissent qu'à la fin de l'été et en automne. Les nombreux rayons, violet pâle à rouge violacé, entourent un disque central d'assez grande taille. À la base de la plante se trouve un groupe de feuilles larges et veloutées. La Vergerette printanière pousse dans les bois dégagés et les champs, dans le sud du Canada, et vers le sud.

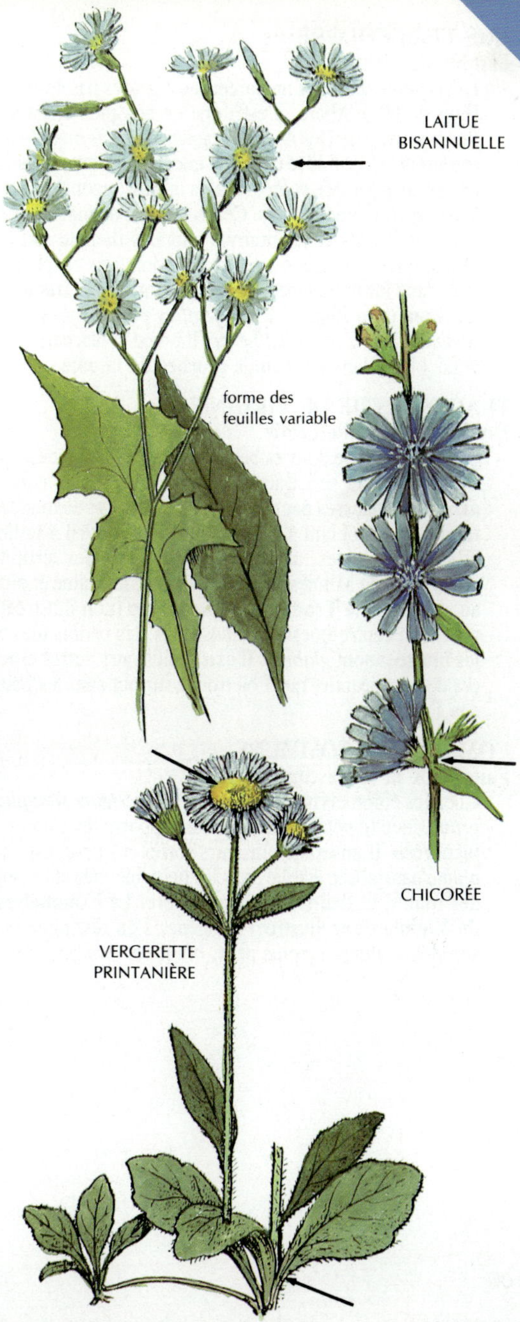
LAITUE
BISANNUELLE
forme des
feuilles variable
CHICORÉE
VERGERETTE
PRINTANIÈRE

IRIS VERSICOLORE
Famille de l'iris

L'Iris versicolore est un parent sauvage des iris cultivés. Haut de 60 à 90 cm, c'est l'une de nos plus élégantes fleurs sauvages. Des *feuilles* gracieuses, *en forme d'épée* entourent la tige mince qui porte une fleur violette voyante aux pétales dressés et aux sépales larges, recourbés vers le bas et fortement veinés. Cet iris fleurit de mai à juillet dans les marais et les prairies humides dans le sud du Canada, dans les États américains frontaliers et, plus au sud, dans les montagnes, jusqu'en Virginie. L'**Iris prismatique** (non illustré) a des *feuilles plus étroites, ressemblant plus à un brin d'herbe.* Il prend la place de l'Iris versicolore dans les marais proches de la côte.

TRADESCANTIE DE VIRGINIE
Famille de la tradescantie

Souvent cultivée pour sa beauté exotique, la Tradescantie de Virginie se caractérise par ses *3 pétales violets arrondis* rehaussés par des étamines dorées et de longues feuilles ressemblant à l'iris. Elle fleurit d'avril à juillet le long des routes, au bord des fourrés et des terrains boisés dans le Minnesota, le Wisconsin, le Maine et plus au sud. Chez la **Tradescantie de l'Ohio** (non illustrée), plante du centre-ouest des États-Unis, les pédoncules et les bractées sont *glabres.* Il existe plusieurs autres espèces de tradescanties que l'on trouve surtout dans les États des Prairies.

COMMÉLYNE COMMUNE
Famille de la tradescantie

Chez les commélynes, les *2 pétales supérieurs sont plus grands* que le pétale inférieur qui supporte les étamines incurvées. Il en existe plusieurs sortes. Celle-ci est une plante naturalisée établie dans les lieux incultes et le long des routes, et fleurit de juin à octobre. La **Commélyne de Viginie** (non illustrée) indigène, s'en distingue par son *pétale inférieur* plus petit, *blanc,* et *non pas bleu.*

IRIS VERSICOLORE
COMMÉLYNE COMMUNE
TRADSCANTIE DE VIRGINIE

VIPÉRINE VULGAIRE
Famille du myosotis

Il est surprenant de découvrir que cette plante *piquante* et assez grossière commune du bord des routes, appartient à la même famille que le délicat Myosotis. Comme d'autres, elle fait partie des plantes importées de l'Ancien Monde qui se sont implantées sur certains accotements routiers et lieux incultes de ce côté-ci de l'Atlantique. Les fleurs bleues, avec leurs *étamines rouges saillantes* fleurissent l'une après l'autre sur chacun des *pédicelles courts* et *incurvés* qui montent vers le haut de la tige. Cette plante fleurit de juin à septembre.

CARDINALE BLEUE
Famille de la lobélie

Il existe plusieurs sortes de lobélies bleues. On les reconnaît comme groupe à la *structure de leurs fleurs* qui ont 2 lobes supérieurs étroits ou «oreilles» et 3 lobes inférieurs formant une lèvre. La Cardinale bleue, l'espèce la plus grande et la plus voyante, a des *rayures blanches* sur les lobes inférieurs et sur le dessous de la corolle. Les longues grappes fleurissent en août et septembre et offrent un véritable spectacle dans les lieux marécageux et sur les sols humides du Manitoba jusque dans l'ouest de la Nouvelle-Angleterre et plus au sud.

PONTÉDÉRIE CORDÉE
Famille de la pontédérie

La Pontédérie cordée dresse ses *épis denses de petites fleurs bleues* au-dessus de *feuilles* luisantes en *forme de pointe de flèche.* Elle fleurit tout l'été, de juin à octobre, formant des jardins émergeant au-dessus de l'eau peu profonde du bord des étangs tranquilles et des rivières à faible courant, souvent associée aux nénuphars et aux sagittaires. Le brochet se tapit souvent dans les eaux boueuses où prend racine cette jolie plante. Les fruits, qui ressemblent à des noix, sont comestibles et la queue des jeunes feuilles, souvent mangée par les chevreuils, peut être cuite comme légume vert.

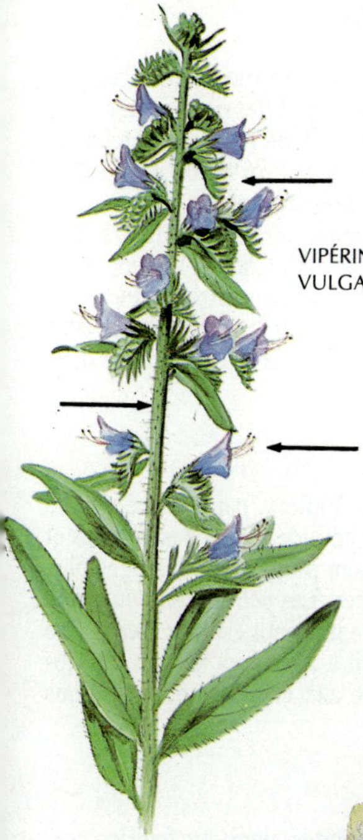

VIPÉRINE VULGAIRE

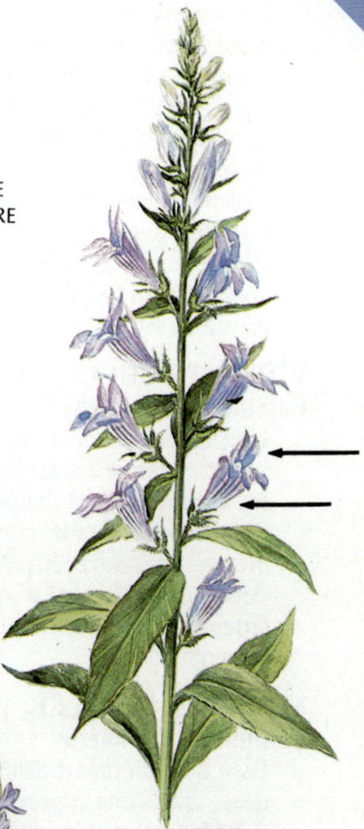

CARDINALE BLEUE

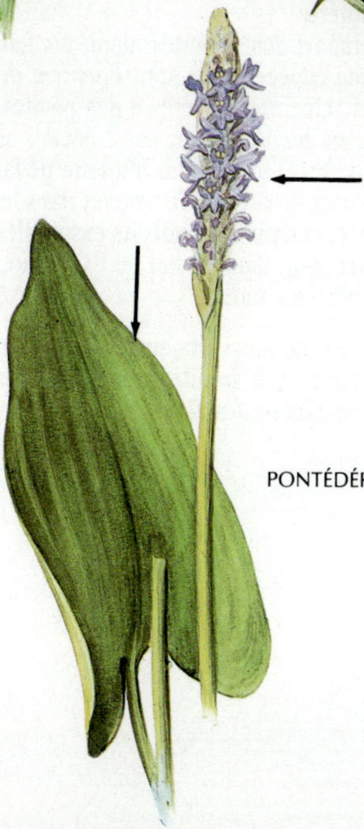

PONTÉDÉRIE CORDÉE

VIOLETTE PAPILIONACÉE
Famille de la violette

Les violettes ont une forme caractéristique : elles ressemblent à des pensées en miniature. Elles ont 5 pétales ; les 2 supérieurs sont dressés et les 2 latéraux sont tombants. Le pétale inférieur, plus large, est fortement veiné et se prolonge vers l'arrière en un court éperon. Les feuilles s'élèvent une à une de la même base que les fleurs. Les violettes fleurissent en avril et mai. Chez la Violette papilionacée, les *3 pétales* inférieurs sont très veinés. On trouve cette plante dans les bois et les prairies humides vers le Nord jusque dans le Minnesota, l'Ohio et dans le sud-ouest du Québec.

VIOLETTE CUCULLÉE
Famille de la violette

Un peu plus grande que le Violette papilionacée, cette violette préfère les praires humides, près des sources et les tourbières. Les fleurs sont portées par des tiges plus hautes que les feuilles cordées. Les pétales sont *plus sombres vers le centre ;* le pétale inférieur est plus *court.* Elle fleurit généralement d'avril à juin. Les feuilles de violettes servent de nourriture aux chenilles des papillons Nymphalides.

VIOLETTE PÉDALÉE
Famille de la violette

Bien que la plupart des violettes aient des feuilles cordées, chez cette espèce, elles sont *finement divisées* en 9 à 15 pointes. Une des variétés a des pétales *unicolores ;* une autre est *bicolore* avec ses 2 pétales supérieurs plus foncés que les 3 autres. La Violette pédalée poussent localement, mais on peut la trouver dans les champs sablonneux secs, et dans des endroits ensoleillés au Minnesota, au Michigan, dans le sud de l'Ontario, au Massachusetts et plus au sud.

Remarque : il existe plusieurs autres sortes de violettes bleues, généralement à feuilles cordées, dont 15 sont décrites dans le *Guide des fleurs sauvages.*

VIOLETTE
PAPILIONACÉE

VIOLETTE
CUCULLÉE

VIOLETTE
PÉDALÉE

variété
bicolore

GENTIANE FRANGÉE
Famille de la gentiane

Les fleurs des nombreuses sortes de gentianes bleues ont généralement des fleurs dressées en forme de vase. Certaines s'ouvrent en déployant leurs pétales, d'autres non. La Gentiane frangée possède *4 pétales délicatement frangés* qui s'étalent au-dessus du tube profond de la corolle. Elle fleurit tard, de septembre à novembre et préfère les prairies, les talus et les endroits dégagés des bois humides. On peut la trouver par endroits dans le sud du Canada, les États du Nord et, plus au sud, dans les montagnes jusqu'en Georgie.

GENTIANE CLOSE
Famille de la gentiane

Chez cette parente de la Gentiane frangée, plus connue, les pétales bleu pourpré restent *fermés.* Plusieurs fleurs tubuleuses, dressées, sont regroupées à l'extrémité de la tige, haute de 30 à 60 cm. La Gentiane close fleurit à la fin de l'été, d'août à octobre, dans les prairies et les autres lieux humides dans le Sud du Canada, le Vermont et plus au sud. La **Gentiane à cinq feuilles** (non illustrée) est plus petite et possède un *bouquet serré* de fleurs dressées couleur lavande avec 5 lobes à pointes ciliées. On la trouve surtout dans les montagnes des Appalaches.

CAMPANULE D'AMÉRIQUE
Famille de la campanule

Contrairement à certains autres membres de la famille des campanules, cette espèce n'a pas de clochettes. Ses fleurs à 5 lobes sont *plats et en forme d'étoile,* bleu clair avec un anneau plus pâle au centre. Le *style long et recourbé* est caractéristique. Elle fleurit de juin à août, dans le sol riche des talus et des fourrés dans le Minnesota, le sud de l'Ontario, l'État de New-York et plus au sud.

GENTIANE
FRANGÉE

GENTIANE
CLOSE

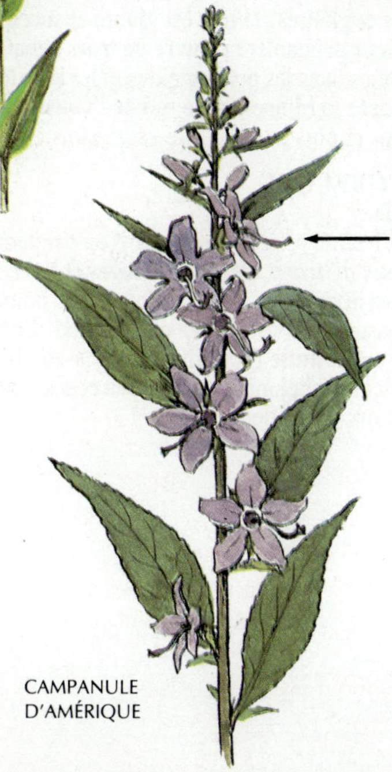

CAMPANULE
D'AMÉRIQUE

PHLOX DIVARIQUÉ
Famille du phlox

Des tapis de ces fleurs d'un violet pâle illuminent nos sous-bois au printemps, alors que les feuilles apparaissent dans les arbres et que les parulines reviennent du Sud. La cyme, composée de *fleurs à 5 pétales* s'évase au sommet d'une tige collante de 45 cm. Les fleurs s'ouvrent d'avril à juin dans les bois riches et dégagés.

HYDROPHYLLE DE VIRGINIE
Famille de l'hydrophylle

Les *cymes terminales de fleurs en clochettes, violettes ou blanches,* font penser à la Valériane grecque (voir plus bas) mais les *feuilles* sont très différentes. L'Hydrophylle de Virginie fleurit de mai à août dans les bois riches du Manitoba jusqu'à l'ouest de la Nouvelle-Angleterre et plus au sud. Une espèce apparentée, l'**Hydrophylle appendiculé** (non illustré) a des feuilles *plus larges, ressemblant* un peu à celles de l'*érable.* Chez les 2 espèces, les feuilles ont des marques qui ressemblent à des «taches» d'eau, d'où leur nom.

MERTENSIA DE VIRGINIE
Famille du myosotis

Les *bourgeons* de ces fleurs inclinées, bleues, en forme de trompette, *sont roses.* Les feuilles ovales sont *fortement veinées* et glabres; la tige est glabre et succulente. Cette jolie fleur printanière s'ouvre de mars à mai, souvent en colonies dans les prés humides et les bois le long des rivières dans le Minnesota, le sud de l'Ontario, l'État de New-York et plus au sud. Elle est parfois cultivée.

VALÉRIANE GRECQUE
Famille du phlox

Cette fragile beauté printanière des bois au printemps se reconnaît à ses *délicates clochettes bleues* et à ses feuilles complexes *divisées en 5 à 15 folioles.* Elle pousse du Minnesota jusqu'à New-York et plus au sud. La **Polémoine de Van Bruntie** (non illustrée) possède *plus de folioles* (15 à 19) échelonnées par paires et ses *étamines font saillie* hors de la fleur.

5 pétales

PHLOX
DIVARIQUÉ

HYDROPHYLLE
DE VIRGINIE

MERTENSIA
DE VIRGINIE

VALÉRIANE
GRECQUE

MYOSOTIS SCORPIOÏDE
Famille des myosotis

Poussant sur deux branches divergentes, les fleurs sont *bleu ciel* avec un *œil jaune.* Cette jolie petite plante préfère les lieux humides et les bords des ruisseaux plutôt que le bord des routes et les lieux incultes comme beaucoup d'autres plantes naturalisées. Elle s'ouvre de mai à octobre. Dans le territoire étudié dans ce guide, on peut trouver plusieurs autres myosotis naturalisés ainsi que le **Myosotis laxiflore** (non illustré) qui est indigène.

BERMUDIENNE À FEUILLES ÉTROITES
Famille des iris

Ces modestes petites fleurs bleues appartiennent à la même famille que les flamboyants iris (voir p. 107). Il existe plusieurs sortes de bermudiennes, toutes très semblables, sauf ce qui concerne des différences techniques. Ce sont des plantes *raides, ressemblant à une herbe,* portant *une ou deux petites fleurs à 6 pétales, d'un bleu profond.* Chaque pétale se termine en une petite pointe. Les bermudiennes fleurissent au début de l'été dans les prairies, au bord des marais et le long des rives.

HOUSTONIE BLEUE
Famille du gaillet

Cette fleur délicate va du *bleu pâle au presque blanc* avec au centre un œil de couleur jaune; elle s'installe en colonies sur les pelouses et les endroits herbeux où elle forme des nappes bleu pâle un peu irréelles contrastant avec le vert de l'herbe. Chaque fleur est portée par une tige séparée, mince, de 5 à 20 cm; les tiges s'élèvent en groupe à partir d'une base commune. Les *toutes petites feuilles,* courtes et minces sont disposées *par paires* le long de la tige. Cette petite fleur bleue s'ouvre d'avril à juin avant que l'herbe ne la cache; elle préfère les sols acides dans une grande partie du territoire étudié dans ce guide.

MYOSOTIS
SCORPIOÏDE
BERMUDIENNE À
FEUILLES ÉTROITES
HOUSTONIE
BLEUE

MENTHE POIVRÉE
Famille de la menthe

Les nombreuses sortes de menthes se reconnaissent comme famille à leur *tige carrée* et à leurs *feuilles disposées par paires.* Leurs fleurs, petites, pourvues d'une lèvre, sont habituellement roses ou violettes et généralement en *épis terminaux denses.* La menthe poivrée (illustrée ici), à forme élancée, est une plante naturalisée qui pousse abondamment sur les rivages, dans les prairies humides et le long des routes dans tout le territoire étudié dans ce guide. En la mastiquant, on remarque l'odeur et le goût âcre des feuilles. Les fleurs pourpres ou rose pourpre, forment des *épis courts ou discontinus* portés par des tiges de 45 à 90 cm. Elles s'ouvrent à la fin de l'été, de juillet à septembre.

PRUNELLE VULGAIRE
Famille de la menthe

Cette plante importée apprécie les bords de routes, les gazons, les terrains vagues et les lieux incultes. Cette plante de petite taille (7 à 18 cm), *à souche rampante,* possède *des fleurs violettes à « capuchon »,* groupées en une *tête allongée ou plus ou moins rectangulaire.* Elle fleurit tout l'été, de mai à septembre, dans toute l'aire étudiée dans ce guide.

GESSE MARITIME, POIS DE MER
Famille du pois

Lorsqu'on marche sur les dunes au bord de la mer, à la mi-été, il est impossible de ne pas remarquer cette jolie plante. Les *fleurs* voyantes, d'un bleu pourpré *faisant penser à celles des pois,* permettent de reconnaître la famille; les *grandes stipules* (appendices en forme de feuilles), *en forme de pointe de flèche,* à la base du pétiole permettent de confirmer l'espèce. La Gesse maritime fleurit de juillet à août, au-dessus de la laisse de marée haute, sur les rivages sablonneux et les dunes, dans le New-Jersey et plus au nord. On peut également la trouver par endroits le long des rives des Grands Lacs, du lac Champlain et du lac Oneida.

MENTHE
POIVRÉE

PRUNELLE
VULGAIRE

GESSE
MARITIME

SARRACÉNIE POURPRE
Famille de la sarracénie

Cette plante carnivore ne passe pas inaperçue dans les tourbières à sphaignes du Canada, les régions froides des États du Nord des États-Unis et, au sud dans les marécages de la côte. La fleur unique, inclinée, d'un rouge pourpré terne, s'élève sur une tige sans feuilles, qu'embrasse une rosette basale de *feuilles* rouge ou vert terne, *en forme de cruche,* et fortement veinées. Ces feuilles sont à moitié remplies de rosée ou d'eau de pluie. L'ouverture évasée de la «cruche» est bordée de poils orientés vers le bas de sorte que les insectes piégés ne peuvent s'échapper. Les insectes captifs se noient, sont décomposés par l'activité bactérienne et les enzymes et, finalement, digérés.

TYPHA À LARGES FEUILLES, QUENOUILLE
Famille de la typha

Cette plante élancée des marais occupe en groupes serrés la plupart des marais d'eau douce. Sa *tête brune,* composée de petites fleurs pistillées (femelles) serrées, est caractéristique. Les *feuilles en forme d'épée* de 90 cm à 2,70 m, peuvent former des nappes assez denses pour camoufler quiconque marche dans le marais. Le **Typha à feuilles étroites** (non illustré) pousse plutôt dans les eaux saumâtres de la côte. Ses *feuilles sont beaucoup plus étroites* et les fleurs staminées (la partie pâle) sont *séparées* des fleurs pistillées (brun) *par un bout de tige nu.*

SYMPLOCARPE FÉTIDE, CHOU PUANT
Famille de l'arum

Bien que très différent, le Symplocarpe fétide appartient à la même famille que le Calla des marais immaculé. La *spathe (gaine)* entourant la spadice arrondie varie du vert au brun et est *abondamment tachetée.* Les fleurs apparaissent souvent très tôt au printemps, avant que se déroulent les larges feuilles. Écrasées, elles dégagent une *odeur repoussante* caractéristique. Le Symplocarpe fétide pousse dans les bois humides et les marécages dégagés, dans le sud du Canada, le nord des États-Unis et, plus au sud, dans les Appalaches.

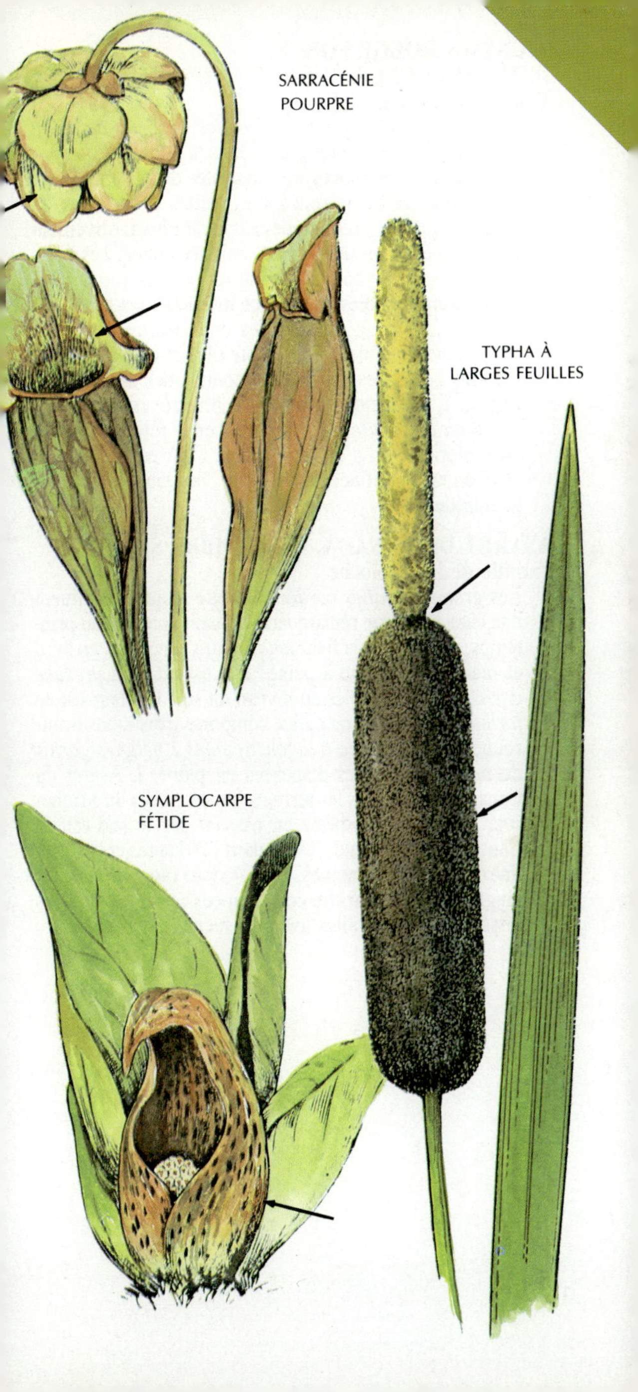
SARRACÉNIE
POURPRE
TYPHA À
LARGES FEUILLES
SYMPLOCARPE
FÉTIDE

ARISÉMA ROUGE FONCÉ,
PETIT PRÊCHEUR, OIGNON SAUVAGE
Famille de l'arum

Le «petit prêcheur», c'est le *spadice en forme de bâton* bien installé comme un prêtre dans la «chaire» *(la spathe),* verte ou brun pourpré surmontée de son abat-voix. Les véritables fleurs sont toutes petites et cachées à la base du spadice; elles se développent plus tardivement pour former un groupe serré de baies écarlates. Les *feuilles en 3 parties* sont en général *au nombre de 2;* elles ont de longs pétioles et leur face inférieure est gris-vert. Il fleurit d'avril à juin dans les bois, les marécages et les tourbières acides; il en existe plusieurs variétés que certains botanistes considèrent comme des espèces distinctes. L'**Ariséma triphylle** (non illustré) est plus petit; il n'a *qu'une seule feuille* divisée en 3 folioles dont la face inférieure est d'un vert brillant. Cette espèce est plus étroitement confinée aux États bordant le littoral atlantique.

ASARET DU CANADA, GINGEMBRE SAUVAGE
Famille de l'aristoloche

Les *grandes feuilles cordées* de cette plante constituent une caractéristique remarquable du tapis forestier au printemps; par contre, la fleur *unique* qui s'ouvre tôt, en avril et mai, se remarque à peine: elle est en effet *presque cachée* par les feuilles au niveau du sol. La fleur est en *forme de coupe* et son calice comporte trois lobes brun-rouge; elle est située *à la jonction des 2 pétioles garnis de poils* des feuilles disposées en paire. L'Asaret du Canada pousse dans les terrains boisés riches du Minnesota jusqu'à la Gaspésie en passant par le sud-est du Canada et, plus au sud, jusque dans l'Arkansas et la Caroline du Nord. Les racines, dont l'odeur rappelle celle du gingembre, peuvent être consommées comme friandises lorsqu'elles sont cuites avec du sucre.

ARISÉMA ROUGE FONCÉ

ASARET DU CANADA

VÉRÂTRE VERT, HELLÉBORE, TABAC DU DIABLE
Famille du lis

Au début du printemps, les *feuilles aux nervures très marquées* de cette plante sont une caractéristique voyante que l'on peut observer dans les bois humides et les marécages. *Haute de 60 cm à 2,40 m,* la tige porte *un vaste bouquet (panicule) de fleurs en forme d'étoiles* qui peuvent être tout d'abord jaune-vert et vert terne ensuite. Ces fleurs s'ouvrent de mai à juillet dans les bois marécageux au sud du Canada, dans les États du nord des États-Unis et, plus au sud, dans les Appalaches jusqu'en Georgie.

SCEAU-DE-SALOMON
Famille du lis

À la différence de la Smilacine à grappes (p. 36) qui porte sa panicule de fleurs blanchâtres à l'extrémité d'une tige feuillue, le Sceau-de-Salomon possède des *fleurs jaune-vert qui se balancent par paires à l'aisselle* des feuilles alternes. Il fleurit en mai et juin dans les bois et les fourrés dans l'Illinois, le Michigan, le sud de l'Ontario, l'État de New-York, le Connecticut et plus au sud. Le **Sceau-de-Salomon canaliculé** (non illustré) peut atteindre une taille de 1,20 m à 2,40 m. Ce sont des groupes de *plus de 2 fleurs* qui se balancent le long de la tige.

VÉRÂTRE VERT

SCEAU-DE-SALOMON

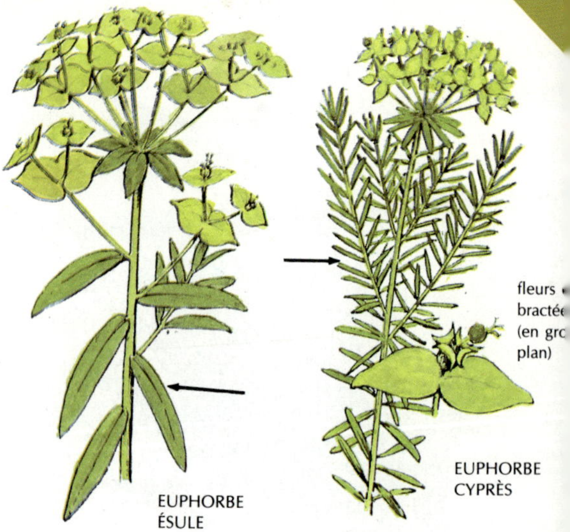

EUPHORBES
Famille de l'euphorbe

Il existe de nombreuses sortes d'euphorbes; les unes sont indigènes, les autres naturalisées. Une douzaine au moins, possède les fleurs verdâtres de la plante illustrée ici. Les deux «pétales» jaune-vert sont en réalité des bractées qui portent les curieuses petites fleurs.

EUPHORBE ÉSULE
Famille de l'euphorbe

Cette plante naturalisée forme des nappes de fleurs verdâtres sur les sols secs le long des routes, localement dans le sud du Canada et le nord des États-Unis. Elle possède des *feuilles plus larges* que l'espèce suivante.

EUPHORBE CYPRÈS
Famille de l'euphorbe

On trouve fréquemment cette plante dans les cimetières et le long des routes. Ce sont ses *feuilles fines, en forme d'aiguilles* qui la distinguent de l'espèce précédente. Les bractés ont l'aspect de pétales et peuvent devenir rouges.

INDEX ALPHABÉTIQUE